Ayn Rand
The Romantic Manifesto

浪漫主义宣言

[美]安·兰德——著
郑齐——译

重庆出版集团 重庆出版社

THE ROMANTIC MANIFESTO by Ayn Rand.
Copyright©The Objectivist,Inc.,1966,1968,1969
Copyright©The Objectivist Newletter, Inc.,1962,1963,1965
Copyright©Bantam Books,Inc.,1962
Copyright©The Objectivist,Inc.,1971
Simplified Chinese translation copyrights © 2015 by Beijing Alpha Books Co., Inc.
Published by arrangement with Curtis Brown Ltd.
through Bardon-Chinese Media Agency
All RIGHTS RESERVED

版贸核渝字（2013）第36号

图书在版编目（CIP）数据

浪漫主义宣言/（美）兰德著；郑齐译.-- 重庆：重庆出版社，2016.1
书名原文：The romantic manifesto
ISBN 978-7-229-09479-9

Ⅰ.①浪… Ⅱ.①兰…②郑… Ⅲ.①美学—文集②艺术理论—文集 Ⅳ.①B83-53②J0-53

中国版本图书馆CIP数据核字（2015）第031314号

浪漫主义宣言
LANGMAN ZHUYI XUANYAN
［美］安·兰德 著
郑 齐 译

策　　划：	华章同人
出版监制：	徐宪江　秦　琥
责任编辑：	何彦彦
责任印制：	梁善池
封面设计：	崔晓晋

重庆出版集团
重庆出版社 出版

（重庆市南岸区南滨路162号1幢）

北京华联印刷有限公司　印刷
重庆出版集团图书发行有限公司　发行
邮购电话：010-85869375
全国新华书店经销

开本：850mm×1168mm　1/32　印张：7.5　字数：131千
2016年1月第1版　2023年10月第5次印刷
定价：38.00元

如有印装质量问题，请致电023-61520678

版权所有，侵权必究

序言

"宣言"[1]在字典里的解释是："由政府、首脑或组织发表的，关于意图、观点、理念或思想的公开声明。"(《兰登书屋英语字典》，大学版，一九六八年)

因此，我必须提前声明，这个宣言不是以任何组织和艺术运动的名义发表的，只代表我个人的观点。当今的艺术潮流中早已经没有了浪漫主义的身影。如果未来的某一天又会有浪漫主义兴起的话，那么本书将荣幸地成为一只推手。

根据我的哲学理念，一个人要切忌在没有阐明理由的情况下表达他的"意图、观点、理念或思想"——比如在没有充分考虑它们的现实背景的情况下讨论这些。正因如此，所谓宣言——有关我自己的个人理念和思想——其实在本书的末

---

[1] 指书名 The Romantic Manifesto: A Philosophy of Literature 中的 "Manifesto" 一词。——译者注

尾，在阐述完使得我具有这些理念和思想的理论基础之后。这些属于宣言的部分是本书的第十一章"我为何写作"和第十章"《九三年》序"的一部分。

我建议那些认为艺术是出离理性之外的人最好还是放下本书：他们会找不到任何共鸣。那些认为一切皆属理性的人则会将本书视为理性美学的基石。正是因为这样一种基石的缺失，当今的艺术才会变得如此乌烟瘴气、污秽不堪。

从第六章借用这样一句话："美学体系中浪漫主义的没落——就好像道德体系中个人主义的没落或是政治体系中资本主义的没落一样——都来自哲学阐释的匮乏……这三种情形都与最基础的价值观本质相关，然而阐幽探赜又不曾有。这就使得问题的关键在讨论中反而被认为无关宏旨，因此价值观就被那些不知道他们丢失了什么或者为什么丢失了这些东西的人打入冷宫。"

就浪漫主义来说，我一向认为我是联结迷雾中的过去以及未来的一座桥梁。当我还是小孩子的时候，第一次世界大战前世界的惊鸿一瞥让我有幸见到了人类有史以来最闪耀的文化氛围的最后一抹余晖（创造这一切的当然不是俄国，而是西方世界）。这团文化之火强烈得不可能一瞬间熄灭：即便是在苏维埃政权之下，我在大学学习时雨果的《吕意·布拉斯》[1]和席勒的《唐·卡洛》[2]依然是戏剧的保留剧目。这些剧目不是被当作历史片段的复刻重铸，而是被看作当今世界的美学欣赏。这代表了大众的人文关怀和人文水准。如果一个人目睹了那样的艺术——或者推而广之：那样的文化竟然曾经存在过——"曾经沧海难为水，除却巫山不是云"。

需要强调，我没有在讲那个年代的物质生活，也没有在讲那个年代的政治，更没有在讲那个年代的八卦新闻，而是在讲那个年代的"人生观"。当时的艺术投射出一种令人瞠目的人文自由以及深度，例如对基本问题的追求，对更高标准的追求，对无尽创造的追求，对无限可能的追求，尤其是对人性本位的追求。这样的存在主义[3]氛围（后来被欧洲的哲学风潮与政治体制毁灭殆尽）依然有利于今天的人，例如人与人之间、人与生活之间的友善和自信。

很多评论家都提到过，对于那些没有经历过第一次世界大战

---

[1] 法国大作家维克多·雨果1838年创作的悲剧小说。故事叙述了一个奴隶爱上王后的故事，意在呼唤政治改革。——译者注
[2] 德国作家席勒以民主自由为题创作的正剧。席勒以西班牙传奇人物唐·卡洛为主人公，抒写了启蒙主义与王权愚昧之间的矛盾。——译者注
[3] 18世纪至19世纪的哲学流派，主张"存在先于本质"。作者曾经提到本想将自己的哲学体系命名为"存在主义"，因为已经被占用，所以才命名为"客观主义"。——译者注

前世界的人而言，很难用语言向他们描述当时的氛围。我曾经无法理解人们为什么把这样的话挂在嘴边、记在心上，然而却自甘堕落，直到我更深入地审视了我的同龄人和上一代人。他们放弃了战前年代的那种氛围，同时也放弃了赋予生活意义的一切：信念、目标、价值观、未来。他们的灵魂被抽干，变成了可悲的废人，时不时地为自己的绝望人生呻吟。他们背叛了精神，可是他们现在又不能够接受当今的文化低谷，他们无法忘记他们之前亲眼看到的那段更高贵的时代。但他们不能或者不愿深究是谁毁灭了那个时代，所以他们要么诅咒世界，要么鼓动人们在毫无意义的教条中，例如宗教和传统中，苟且偷生，要么一言不发。既不能停止对那样一个愿望的憧憬，又无法为之奋斗，他们就抄了一条"近道"：他们决定放弃属于那个时代的价值观。这里指的奋斗实际上是——思考。现在让我惊讶的是，人们竟然如此固执地与邪恶为伍，竟然如此轻松地就能放手他们认为美好的一切。

我的字典里从没有过放弃。如果看到美好依然可能回到人们中间，然而它现在却消失不见，我不会满足于"这就是大势所趋"这样的解释。我会问：为什么？是什么导致了这样的情况？是谁决定了大势所趋的方向？（答案便是：哲学。）

人类的发展路径不是一条笔直的既定路线，而是一条曲曲弯弯的奋斗之路，人们经常误入歧途、重蹈覆辙，陷入理性缺失的无尽长夜。人类能够不断前行，靠的是那些能够探究真理、传播真理的人，历经数年、数个世纪的努力，用他们的成就搭建起桥梁——引领人们向前。圣托马斯·阿奎纳[1]就是一个杰出的例子，他搭建起了联结亚里士多德和文艺复兴的桥梁，使得人们得以跨越中世纪的黑暗。

假如只从形式上判断，而不与任何大师做自负的比较，我是这样的一座桥梁——架在19世纪的美学巅峰与希望重新找回那个时代的人之间，无论这样的人在何时何地。

我以研究浪漫主义的诞生和灭亡为己任，这是艺术史上最前无古人后无来者的伟大成就。通过对比其他在哲学上具有共性的例子，我发现浪漫主义的毁灭者正是它的缔造者，因为甚至在它兴盛的年代，它都没有被发觉和正确地对待。我希望我能够把浪漫主义的认识传递给未来。

现在我做的，就是不把世界交给那些无病呻吟、目光呆滞的蠢货搞出来的牛鬼蛇神。他们整天在恶臭的地下室里，像远古人类一样进行着宗教仪式以逃避恐惧。这样产生的作品在原始森林里都不是什么稀罕玩意儿——结果一些浑身打战的巫医偏偏管它们叫"艺术"。

我们的时代没有艺术，也没有未来。人类发展道路上的未来是一扇向那些没有放弃认知能力的人打开的门；它不会向神

---

[1] 圣托马斯·阿奎纳（St. Thomas Aquinas，1225—1274），历史上最伟大的神学家，自然神学最早的提倡者之一，写作了《神学大全》。——译者注

秘主义者打开，不会向嬉皮士打开，不会向瘾君子打开，也不会向部族祭祀打开——它不会向任何让自己的认知沦落为如同动物一样的、行尸走肉的官能知觉的人打开。

我们还能等到一次美学的文艺复兴吗？我不知道。我知道的是：那些在为未来奋斗的人，现在就置身于美学的文艺复兴当中。

本书中的所有文章，除了一篇例外，其他都来自我的杂志《客观主义者》。每篇文章之后的日期指的是当期杂志的发行日期。例外的那篇是"《九三年》序"，这是我给维克多·雨果新版的《九三年》[1]作的序，此版本是由洛维尔·拜尔[2]翻译，由矮脚鸡图书公司一九六三年出版。

杂志《客观主义者》主要是讨论我的哲学理念在当今文化背景下的实际应用。详情请用信件方式垂询纽约东三十四街201号，《客观主义者》杂志社，邮编10016。

安·兰德

1969年6月

于纽约

---

[1] 雨果发表于1874年的小说作品，阐发了作者对法国大革命的思考。——译者注

[2] 洛维尔·拜尔（Lowell Bair），20世纪翻译家，翻译了诸多颇有影响力的法译英作品，如《包法利夫人》《歌剧院的幽灵》《巴黎圣母院》等。——译者注

目 录

一 艺术的精神认识论 / 1

二 哲理与人生观 / 14

三 艺术与人生观 / 25

四 艺术与认知 / 39

五 文学的基本原理 / 83

六 何谓浪漫主义 / 107

七 当今的美学真空 / 138

八 不可告人的浪漫主义 / 146

九 艺术和道德背叛 / 164

十 《九三年》序 / 178

十一 我为何写作 / 188

十二 举手之劳——一个短篇故事 / 202

当今的艺术潮流中早已经没有了浪漫主义的身影。
如果未来的某一天又会有浪漫主义兴起的话,
那么本书将荣幸地成为一只推手。

——安·兰德

一 艺术的精神认识论

在人类包罗万象的知识库中，艺术最能体现人类在物质科学领域的进步与人文领域的停滞（甚至是如今的倒退）之间存在的巨大鸿沟。

物质科学至少还被一些理性认识论的残余控制着（尽管这些残余也在迅速地走向消亡），但是人文领域却被彻底交给了原始的神秘主义认识论。当物质科学已经先进到研究亚原子颗粒和太阳系的宇宙空间时，一种叫作艺术的人文现象却仍旧是一团漆黑的谜。人们几乎不了解它的原理，不了解它对人生活的影响，不了解它拥有的巨大心理能量从何而来。但是艺术对于大部分人来说依然举足轻重，同时艺术对于大部分人来说也是一种十分个人的关切——而且艺术存在于每一个已知的文明，自从人类的史前时代就陪伴着我们，比最古老的文字都要来得早许多。

在许多其他的领域，人们已经不再受装神弄鬼的所谓"圣贤"的误导，因为那些圣贤之所以是圣贤，只是由于他们会用艰深晦涩的东西吓唬人。但是在美学领域，人们依然五体投地地迷信所谓"圣贤"。这种现象非但没有消弭，反而愈演愈烈。就好像史前的野蛮人认为一切自然现象都是理所应当存在的，都是不可拆分、不可置疑、不可研究的要素，都是神秘莫测的魔鬼之禁脔——当今，认识论的野蛮人则认为一切艺术都是理所应当存在的，都是不可分析、不可置疑、不可研究的要素，都是神秘莫测的魔鬼之禁脔，而这个魔鬼就是：他们的感性。这二者唯一的区别就在于史前的野蛮人所犯的错误仅仅是出于无意和无知。

利他主义留下的最无人性的遗产就是人们习得的无私：人情愿接受未知的自我，忽视、逃避、抑制个人（也就是非社会）的灵魂需求，对于最重要的事情却最漠不关心。这就等同于让最深层的价值观堕入主观意识的万丈深渊，让生命在无尽的内疚中荒芜。

在认知上对艺术的忽视之所以很难克服，是因为艺术的功能本身就是非社会的（这是利他主义人性丧失的另一个例子，就是利他主义残忍地无视了人类最深层次的需求——切实存在的个人的需求。这个例子同样可以证明任何一个认为道德是纯粹社会存在的理论都是无人性的）。艺术属于现实非社会化的部分，所以它是普遍的（也就是适用于所有人的），但是它是非集体的：它属于人的自我意识。

艺术作品（文学也包括在内）的一个独有特点是它们没有任何实际的、物质的目的，它们本身就是目的；它们的目的除沉思外无他——沉思的快感博大精深、深入灵魂，于是人的沉思成了自我满足、自我辩白的要素，人抵触、厌恶任何对其所做的分析：任何分析对于他来说都是对自我的攻击，是对他最深层、最基本的自我的攻击。

人类的一切情感都不是无缘无故产生的，如此强烈的情感更不可能是无缘无故、不可拆分的，也不可能和情感（以及价值观）的来源无关：不可能和生命实体的生存需求无关。艺术确乎是为了一个目的存在的，也确乎在满足人类的需求；只是说它满足的不是物质需求，而是意识需求。艺术毋庸置疑是与人的生存密切相关的——不是肉体生存本身，而是肉体生存的基础：维系意识的生存。

艺术是基于这样的一则事实：人的认知能力是概念性的——也就是说，人汲取知识、指导自己的行为，不是通过单一的互不相干的感知对象，而是通过抽象的过程进行的。

如果要理解艺术的本质与功用，就必须理解概念的本质与功用。

概念指的是两个或更多对象的精神整合，这些对象首先是被抽象，在这个过程中被分开，然后又在获得定义的过程中重新结合。人通过将感知对象处理成概念，再将概念处理成更广泛的概念的过程，得以理解、留存知识，并进一步辨识、整合无穷的知识，从而能够超越任何一个特定瞬间所具有的知识实体。

概念使得人时刻都可以超越纯粹的感知容量所限，来控制更多的自觉意识。人的感知意识——也就是一个人在同一时刻可以处理的感知对象的数量——是有限的。一个人也许可以想象四五个对象——例如五棵树，但是他不可能想象一百棵树，或者想象十个光年的距离。正是人的认知能力，让人有能力处理如此大量的知识。

人通过语言的方式来留存概念。除了专有名词以外，我们用的每个词都包括了无数的同类实体。一个概念就好比是一串明确定义项的数列，两端都能无限枚举，包含了所有该类的对象。例如，"人"这个概念就包含了所有现在活着的人，曾经生活过或是将会生活着的人。这样的人的数量多得一个人不能感知他们全部，更不用说研究他们或者在他们中有所发现了。

语言作为一种视听符号的代码，起到了将抽象转化为实体的作用。或者更明确地说，它将抽象转化为了实体的精神认识论等价物，即一些数量可控的明确对象。

（精神认识论主要研究的是人的认知过程，即人自觉的意识和不自觉的潜意识之间的相互作用。）

读者可以想想看，任何一句话涉及的复杂概念整合，从小孩子们的叽叽喳喳到科学家的课题报告都不例外。读者也可以想想看，简单肤浅的定义通过一个漫长的概念链条上升到越来越高的概念水平，这个过程形成的复杂的等级架构，没有一台电脑可以做到。人类就是通过这些链条来汲取和留存他们对于现实的知识。

但这还是精神认识论功能中相当浅显的部分，还有一些更复杂的部分没有提到。

这个更复杂的部分就是现实知识的应用——即衡量现状、选定目标，并照此引导人的行为。要完成这个过程，人需要另一个概念链条，依附于原先的链条之上，不过又与之隔离。从某种程度上来说这是更加复杂的：这就是规范概念的链条。

如果说认知概念识别了现实，那么规范概念则是在分析现实，从而产生价值观的取向和一系列反应。认知概念关注的是"什么是什么"；规范概念关注的则是"什么应怎么样"（在人力所能控制的范围内）。

伦理是一门规范科学，它基于哲学的两个认知学分支：形而上学和认识论。一个人要想知道他应做什么，就必须首先知道他是谁以及他在何处，即他的本质（包括他的认知方式）和他所在世界的本质。（至于某种伦理系统的形而上学基础正确与否，与我们讨论的并无关联；如果它是错误的，这一谬误会使得整个道德系统无法运行。我们这里仅讨论伦理对形而上学的依赖性。）

我们的世界对于人类而言是明晰可知的还是玄妙不可知的呢？人能不能在这个世界找到幸福，或者人是不是一定无法摆脱无助、沮丧的命运呢？人是有权利选择他们的目标并完成这些目标、引导自己生命的吗？人是不是命运的玩物呢？人的本性是善还是恶？这些问题都属于形而上学的范畴，但是它们的答案决定着人们将接受并实践何种伦理；它们的答案就是形而上学和伦理之间的桥梁。尽管形而上学本身不是一门规范科学，这类问题的答案却展示出形而上学价值判断在人思维中的功能，因为形而上学为其他一切价值观搭建了基础。

人在意识或潜意识中，时而外显时而暗含地意识到自己需要对于存在的整体认知，才能整合价值、明确目标、规划未来，使自己的人生得以维系，而不至于成为一盘散沙——同时人也会意识到形而上学的价值判断无处不在，深深地融入自己的选择、决定和行动中。

形而上学——研究现实的基础本质的科学——涉及不可胜数的抽象概念。它包含了一个人感知的所有实体，涵盖了海量的知识和长链的概念，超越了任何一个人的自觉意识所能集中的容量。但是人需要如此数量的知识和意识作为指导——他也必定需要一种力量把它们召唤到完全的有意识的聚焦点上。

这种力量就是艺术。

艺术是现实根据艺术家的形而上学价值判断的选择性重塑。

通过选择性重塑，艺术分离并整合了现实中代表人对于自我和存在的基本观点的部分。艺术家从不计其数的实体中——从互不相干，紊乱无序，（看起来）自相矛盾的特征、行为和个体中——分离出他认为具有形而上学重要性的实体，然后再加以整合，把它们转化成一个代表某个概念的独立新实体。

例如，有两个雕塑：一个是希腊的神像，另一个是中世纪的畸形人像。它们都表现了形而上学对人的一种推测；都投射着艺术家对于人类本性的观点；都代表了各自文化中哲学观念的有形化产物。

艺术是有形化的形而上学。艺术将人的概念投影到意识的感知层面，使得人可以直接理解那些概念，就好像他们是感知对象一样。

如上所述的就是艺术的精神认识论功能，这也就解释了艺术为什么在生活中不可或缺（这个观点是客观主义美学的核心所在）。

正如语言可以将抽象概念转化为实体的精神认识论等价物，即一些数量可控的明确对象一样——艺术也可以将人在形而上学范畴的抽象概念转化为实体的等价物，即人能够直接感知的明确对象。"艺术是一门通用的语言。"如果你能够注意到艺术的精神认识论功能的话——你就会发现这种说法并非毫无依据。

回首人类的历史，艺术在发展的初期是宗教的附庸（甚至被宗教垄断）。宗教是哲学的初态：它给人提供了一种相对于存在的完整观念。在原始文化中，艺术就是宗教的抽象概念在形而上学和道德范畴的有形化产物。

艺术的精神认识论过程在一个独特艺术的独特部分有一个极佳的阐释：这便是它在文学中的体现。人的性格之复杂——囊括着无穷的可能，白璧青蝇，笑里藏刀，诡谲多变——使得人自己成了最扑朔的谜题。即便当它们是纯粹的认知概念时，或者当你把这些概念记住再去分析一个个体时，人的特征也是极难分离整合的。

我们以辛克莱·刘易斯的《巴比特》[1]为例。巴比特是无数人的无数特征在经过无数观察和归纳后的有形化产物。刘易斯将一类人的共性分离出来，并整合成一个人物的存在形式——于是当你评价一个人说"他就是个巴比特"的时候，你的这句评语就在简简单单的一句话中包含了小说中人物形象的诸多内涵。

而规范概念——负责制定道德准则，并决定人应怎么样——

---

[1] 辛克莱·刘易斯（1885—1951）是美国小说家、讽刺大师，美国第一个诺贝尔文学奖获得者。他的代表作《巴比特》等都围绕着他对第一次世界大战、第二次世界大战时期美国资本主义社会的评论和讽刺展开。其中的主人公巴比特是那些盲目遵从盛行的中产阶级价值观的职员或商人的一个典型。——译者注

的精神认识论过程则更加复杂。规范概念所担负的职责需经数年的积累——且其结果不可能用除艺术之外的任何方式来表达。哲学论文，无论多么绞尽脑汁地阐释道德观念，列出来一长串美德的清单，在表达规范概念这一点上都黔驴技穷；它不能够表现出一个理想的人是什么样子、言谈举止如何——任何一个人都不可能处理如此庞杂的概念。我说"处理"的意思是把所有抽象概念"翻译"回它们代表的感知实体，即将它们与现实重新链接起来，并将之控制于自觉意识中。除非利用一个实际的人物载体——一个能够阐明道理的包罗万象的有形化产物——没有其他方式可以整合这样庞杂的信息。

至于那些关于道德的枯燥教条的理论性讨论，以及人们对于如此讨论的憎恶，恰恰说明了在那些讨论中，道德的准则在人们的思维中依旧是抽象的空中楼阁，勾勒出一个遥不可及的目标，并要求他们依此重塑自己的本性。于是人们感受到了一种无法言说的道德罪恶感。艺术是表达道德理想必不可少的媒介。

每个宗教都有自己的神话——这就是它的道德准则戏剧化的有形化产物，集中在一些终极产物，即人物的身上——至于这些人物中的有些形象是否能更令人信服，则要取决于他们所代表的道德理论的合理性。

但是这并不意味着艺术可以成为哲学思想的替代品：若没有概念化的伦理道德，艺术家就不可能将理想的愿景有形化。

然而，若没有艺术的支持，伦理道德永远都是理论工程：艺术是这个浩大工程的建造者。

很多《源泉》[1]的读者都告诉我，霍华德·洛克的人物形象曾经帮助他们在道德的两难境地做出抉择。他们会这样问自己："如果是洛克遇到这种情况，他会怎么做呢？"——等不到他们的思绪梳理清一系列相关的复杂准则以及它们的应用，洛克的形象就能够给他们一个答案。他们能够即刻感觉到他们应该做什么、不应该做什么——同时这样帮助他们分离并识别出背后的原因，背后指引他们的道德准则。以上就是人格化（有形化）的人文理想的精神认识论作用。

需要强调的是，尽管道德价值毋庸置疑地在艺术中占有一席之地，它们只是结果而非原因：艺术的关键要点是形而上学而不是道德。艺术不是道德的侍女，它的根本目的不是启迪大众、发起改革或者呼吁任何东西。道德理想的有形化产物不是一个教人怎么达到该境界的教科书。而艺术的根本目的也不是教导，而是展示——用有形化的图像向人类展示他们的本性和他们相对于世界的位置。

每个形而上学的问题对人类的行为都会有相当重大的影响，因此也会极大地影响人的伦理；而由于每个艺术作品都有一个主

---

[1] 安·兰德出版于1943年的小说巨著。主人公霍华德·洛克被塑造为一位个人主义的典范。——译者注

题，那么它一定会向观众传达出某种结论，某种"信息"。然而，所谓影响，所谓"信息"，都只是次要的结果。艺术不是说教的工具。这就是艺术作品和寓意剧或是宣传海报的区别。一个艺术作品越伟大，它的主题就越是海纳百川。艺术作品也不是照原样复制现实。这就是艺术作品和新闻事件或者摄影作品的区别。

艺术家形而上学的观点决定了伦理在艺术作品中的位置。如果，艺术家自觉或不自觉地以人的意志力为前提，那么他的作品就会被引向价值观的取向（即浪漫主义）。如果他以人的命运是受到人所不可控的力量控制为前提，那么他的作品就会被引向非价值观的取向（自然主义）。宿命论的哲学和美学矛盾与我们的讨论无关，就好像艺术家的形而上学观点的对错与艺术的本质无关一样。艺术作品要么投影出人所追求的价值观，用有形化的愿景提醒人们应该过怎样的生活；要么主张人的努力都是徒劳的，并用有形化的愿景提醒人们命运的失败和绝望。无论是哪种情况，艺术的美学方法——其中的精神认识论过程——都是一致的。

艺术对存在的影响在不同的情况下当然是不同的。人在日复一日的生活中要面对不计其数的复杂选择，鸡毛蒜皮的混乱事件，各种成败得失——人会不断面临目标和信念的丧失。需要注意的是，抽象概念其实并不存在：它们只是人感知存在物的认识论方法——而存在物实际上是实体的。为了获得完全的、可信的、强大的现实力量,人的形而上学抽象概念就必须以实体的方式呈现——也就是以艺术的方式呈现。

我们可以想想看如下两种情形的区别,当一个人需要哲学的启示、鼓舞和灵感的时候,他可能求助于古希腊的艺术,也可能求助于中世纪的艺术。假使这两种艺术的影响能够同时到达他的思维,对他产生抽象的和现实的影响,那么一种艺术会告诉他灾难是暂时的,充满力量、美感、智慧、自信的形象才是他的常态。另一种艺术则告诉他快乐是暂时的、罪恶的,而他是一个扭曲、无能、痛苦、渺小的罪人,被凶恶的神龙追赶得四处逃命,在无尽地狱的边缘苦苦挣扎。

两种情形的结果都是显而易见的——历史就展现了它们的实际效果。艺术不负有使得两个时代各自变得伟大和恐怖的全部责任,但是艺术能够为哲学表白心声——为主导当时文化的哲学思想表白心声。

艺术中感情的作用,以及潜意识的机制作为整合因子在艺术的创造和人类对艺术反应中的作用,都涉及一个叫作人生观的心理现象。人生观是形而上学的雏形,一种对于人以及对于存在的潜意识的整体感性评价。尽管这是我们之前讨论的一个推论,但是人生观的主题可以另外讨论(我会在第二章和第三章中涵盖这部分内容)。我们现在的讨论仅限艺术的精神认识论作用。

我们在讨论之初提出的问题现在就有明确的答案了。艺术之所以有非同小可的个人意义，是因为艺术会肯定或者否定人意识的能力，也就是艺术作品支持还是反对一个人对现实的基本观点。

这就是艺术作为媒介的意义和能量。但是今天艺术却被那些所谓艺术家掌控着，其实这些艺术家对自己在做什么完全不知道，竟然还夸夸其谈，并以之为荣。

我们暂且相信他们一次吧：他们的确是一窍不通。真理掌握在我们手中。

1965年4月

二　哲理与人生观

宗教是哲学的初态，宗教试图给人提供一种完整的存在观，因此它的诸多神话，尽管大多参考了一些真实却难以捉摸的事实，却依然都是失真的、戏剧化的演绎。这些故事中最令人心生敬畏的理论当属无所不知、无所不晓的"超自然监督"了，它可以监督每个人的一切行为——善、恶、忠、佞——并在审判日依据这些监督的记录对每个人做出判决。

上述的神话故事从存在主义上来看当然是没有道理的，但是它在心理学上是正确的。所谓冷酷的监督其实是人潜意识的整合机制；而所谓记录则是人生观。

人生观是形而上学的雏形，一种对于人以及对于存在的潜意识的整体感性评价。它为一个人的感性反射和基本品质奠定了基础。

在一个人成长到可以用形而上学来理解上述概念之前，他就已经可以做出选择、形成价值判断、感知情感、获得对生活的某种隐性的认识。每一个选择和价值判断都蕴含着他对自身和环境的一种猜想——更准确地说,都体现了他处理环境的能力。他既可以有意识地做出或对或错的决定;也可以固守消极的思想,很少对身边发生的事情做出反应(即很少动用感知)。无论是何种情况,他的潜意识机制都会将心理的活动归拢到一处,并把他的判断、反应或者逃避都整合成一个情感总和,建立起一个定式,左右未来他对环境的自动反应。那些起初只是对于具体问题的一系列单一的、分立的判断(或逃避),后来都变成了一般化的存在观,变成了一种暗含的来自恒久、基本的情感的强大力量——它是情感之情感,经历之经历。这就是人生观。

思维作为情感计算机的程序员,左右着人的精神活跃度,故而具有保持人的求知欲和解析欲的功能——因此他的人生观会朝着理性哲学的积极一面发展。这位情感计算机的程序员若被机会[1]控制,就会让人更多地趋向逃避:这可能是由于一些随机的印象、关联、模仿,由于来自环境的无法中和的毒素,由于文化渗透。如果逃避和不作为成了一个人思维运行的主要方式,那么人生观就会被恐惧支配——灵魂会变成一块不像样的

---

[1] 非决定论的哲学概念,是相对于"必然"的,与我们常用的"机会"有别。非决定论以"机会"为根基,认为一切事件并非必然。——译者注

黏土，上面印着四散奔逃的脚印（这样的人晚年都会感慨自我认同感的丧失，而事实是他从未有过自我认同）。

人的本性导致人无法克制思维的一般化；人不能将生活切成一个个瞬间，不能脱离背景，不能脱离过去与未来；他无法摆脱他的整合能力，即概念能力，也无法将他的意识限制在动物的感官范围。就好比动物的意识不能延伸到抽象概念的领域一样，人的意识也不能缩限到只剩下直接的存在。人生来就有超强的整合机制；他要么控制这种机制，要么被其控制。要使该机制发挥作用，出于认知的目的，必然需要意志的参与——即思考的过程——因此人可以有意识地逃避这种参与。然而一旦他选择逃避，机会就会成为主宰；该机制会自主运转，好像一台不受控制的机器；它依然会进行整合，但是在一种盲目的、紊乱的、任意的情况下——这时它就不再是产生认知的工具，而成了创造扭曲、幻觉和惶恐的工具，将人的意识蚕食鲸吞。

人生观是由情感的一般化产生的，这种过程可以被描述为抽象过程在潜意识中的对应，因为它也是一种分类整合。但不同的是，它是情感的抽象：它依靠某种事物激发的感情进行分类——即通过关联和内涵将可以使人感到相同（或相似）情感的经历都拼接起来。例如：乔迁新居、新发现、探险、奋斗、凯旋，或者隔壁的哥们儿、背诵篇目、家庭野餐会、一条熟悉的路、如沐春风的舒适感。要是更深入一些的话：乱世英雄、纽约的地平线、阳光普照、纯色、狂欢的音乐，或者无名小卒、旧村、雾气下的远山、混色、市井的音乐。

上述分别有共同特性的经历会激发怎样的感情，就基于哪些事物符合一个人的自我观点。对于一个很有自尊的人而言，将第一组事物统一起来的情感是崇敬、欣喜、使命感；将第二组事物统一起来的情感是厌恶或烦恼。对于一个缺乏自尊的人而言，将第一组事物统一起来的情感是恐惧、怨恨、负罪感；将第二组事物统一起来的情感是恐惧的解脱、安心、被动状态下慵懒的安全感。

尽管这样的情感抽象概念会发展为人的形而上学观念，追本溯源，它的根本还是在于一个人对自己和自身存在的观点。形成他的情感抽象概念的是如下内在的潜意识的选择标准："对我重要的是什么"或"什么样的环境对于我来说是合理的、舒适的"。一个人潜意识中的形而上学观念是与现实相共鸣还是相违背，能够产生的巨大心理学结果的差异是不言而喻的。

人生观的形成过程中最核心的概念就是"重要"一词。这个概念属于价值观的范畴，因为它默认了如下问题的答案：重要——对谁重要呢？然而这个词的含义与道德价值范畴中该词的含义不同。"重要"的不意味着一定是"好"的，它的释义其实是"可以引起关注的品质、特性或地位"（《美国大学词典》）。那么到底是什么总是可以引起关注呢？现实。

"重要"——就其本意来说，忽略它在某些特定的字面意思——是一个形而上学术语。它归属于形而上学中与伦理学相关的部分，即归属于有关人本性的基本观点的部分。这种观点可以回答如下问题：世界是可知的吗？人有能力选择吗？人生目标是可以达到的吗？这些问题的答案都是"形而上学的价值判断"，因为它们为伦理奠定了基础。

只有那些他认为"重要"或是逐渐意识到其"重要"的价值观，那些代表了他暗含的对于现实的观念的价值观，才可能留存在一个人的潜意识里，并形成他的人生观。

"理解能力很重要"——"听爸爸妈妈的话很重要"——"自理能力很重要"——"让别人开心很重要"——"为自己的目标努力很重要"——"少树敌很重要"——"我的生命很重要"——"既然这样我干吗要惹事呢？"人类的灵魂（我所谓"灵魂"即指"意识"）产生于自我雕琢——每个人在自我雕琢的过程中都走过了上述的问与答。

人的基本价值观经过整合之后的总和就是他的人生观。

人生观代表了一个人早期的价值整合，它会在人获取知识以达到完全的概念控制并把控他内在机制的过程中，保持一种流动的、可塑的、易于更正的状态。完全的概念控制是指意识主导的认知整合过程，也就是：人生的意识哲学。

一个人到青春期时，知识储备已经足以处理许多基本问题；

正是在这个时期,他意识到他需要将零散的人生观"转译"为有意识的形式。于是他在这个时期将这种探寻视为人生的意义,他探寻原则、理想、价值观,他最迫切想得到的是自我肯定。由于我们的反理性的文化对于这个举足轻重的转变没有提供任何帮助,反而是想尽办法遏制、削弱、贬斥这种转变,其结果就是青春期的青少年大部分都缺乏理性,以致心烦意乱,情绪波动异常。这个现象在如今尤其突显。他们遭受的痛苦与惨遭堕胎的胎儿遭受的痛苦相似——在本应成长的时期,思维反而萎缩甚至凋亡。

从以人生观为向导到以意识哲理为向导的转变有多种方式。举一种极端的特例:假使一个孩子是完全理性的,那么这个转变过程尽管可能依然十分困难,却是有趣的、自然的——这是一个证实的过程,并且在必要的时候会更正他对于人的存在的臆断。于是,种种无以言说的感觉转变为明确可述的知识,为他的人生轨迹建立了踏实的基础,铺下一条智慧之路。这个过程最终会形成一个充分整合的人格,一个思维和情感相协调的人,一个人生观与意识信仰和谐的个体。

哲学理念并不能替代一个人的人生观,所以人生观还会作为价值观自发整合的总和继续发挥其作用。然而哲学却根据对于现实的完善、一贯的观念,确立了情感整合的标准(只要这些理念是理性的)。他现在可以用概念从外显的形而上学中得出价值判断，而不是用潜意识从价值判断中得出暗含的形而上学。他的情感从此开始基于他深信不疑的判断。思维决定情感。

对于很多人而言，上述转变的过程永远都不会开始：他们从未尝试整合他们的知识，获得意识层面的信念，听任那迷雾中的人生观主导自己的人生。

大多数人身上的转变都差强人意，而且毫无章法。这就会导致一种内在的基本矛盾——一个人的意识信仰与他被压迫、被淹没（或者只露出冰山一角）的人生观之间的冲突。很多时候，这种转变都是不完全的，也就是说人的信仰没有成为一个经过充分整合的理念体系的一部分，而只是众多随机的、分立的、矛盾的想法，因此也就无法在思维与潜意识形而上学的对抗中把控自我。在一些情况下，一个人的人生观比他所接受的想法要好（接近事实）得多。在另外的情况下，他的人生观比他声称接受其实未能充分实践的想法来得更差。讽刺的是，后者发生时，人的情感就在智慧的玩忽职守和背信弃义中乘虚而入了。

为了生存，人必须有所动作；为了有所动作，人必须做出选择；为了做出选择，人必须明确价值规范；为了明确价值规范，人必须知道他是谁以及他在何处，即他必须知道自己的本质（包括他获取知识的方式）以及他所生活的世界的本质，再确切说，他需要形而上学、认识论、伦理，也就是说，他需要哲学理念。他无法摆脱这样的需求；他唯一可以决定的是自己选择导引他的理念还是任凭机会安排。

如果他的思维不能提供一个完整的存在观，他的人生观就会代替它提供存在观。如果他屈服于糖衣炮弹对思维积年累月的轰炸——屈服于传统思想给予的堕落的非理性思想，或者哲理外表下的一派胡言——如果他不再抵抗，深陷于浑浑噩噩的泥沼，逃避最基本的问题，而只关心他日复一日的生活现实，他的人生观就会被取而代之：这时他就有可能偏向善恶中的任一边（大部分时候是恶的那边），他就只能听任他从未知晓、无法把握也毫无认识的潜意识哲理的驱使了。

然后随着恐惧、焦虑和迷惘年复一年地增长，他发现自己被一种未知的难以描述的末日之感笼罩着，就好像审判日在迫近。他恰恰不知道的是，生命中的每一天都是审判日——每一天他都需要清算他的潜意识记录在人生观卷轴上的亵渎、谎言、矛盾、空虚。在这样的心理记录上，空行其实是最深的罪恶。

人生观的建立不是一劳永逸的事。它可以被改变，被修正——在青年时期，人生观还未固定时尤其简单，在人的晚年则需要更长、更困难的过程。由于人生观是情感的总和，它不能被意志直接改变。它的改变是自发的，但是需要人在改变了意识哲理的前提之下，经历一个很长的心理学再修过程。

无论一个人是否修正自己的人生观，也无论人生观是否在客观上与现实一致，它在任何一个阶段、在任何一种状态下都完全属于个人；它代表了人最深层次的价值观；人以之为自我认同感。

任何一个人的人生观都很难用概念来认识，因为它太难分离：它存在于关于他的每个细节当中，在他的每个想法、情感、行为当中，在他的每个反应当中，在他的每个选择和价值观当中，在他的每个下意识的动作当中，在他的言谈举止当中，在他的整个人格当中。人生观使得一个人具有"人格"。

对于个人本身而言，人生观看起来是绝对的不可分割的元素——没有人会怀疑这一点，因为怀疑的想法从未出现。对于他人而言，他会以为自己一瞬间捕捉到的直接而无法言说的印象就是别人的人生观——不要求任何深入的了解——一种很确切的印象，而当你想证实它的时候又变得极度暧昧。

这导致很多人把人生观划归到直觉的领域，认为人生观只能用特殊的非理性的方式来洞察。然而恰恰相反：人生观不是不可分割的元素，而是一个非常复杂的总和；它可以轻易被感觉到，但是仅靠自发的反应，它确乎很难理解；要是想理解它，就必须用概念的方式分析它、认识它、证实它。那种自发的印象——对于自己和他人——都只是一个开始；如果我们不去"翻译"那种印象的话，它就会成为一个极具欺骗性的开始。但一旦虚无缥缈的印象有了思维的有意识判断的支持和结合，其引发的确定性就是极其振奋人心的：这就是思维的价值观的整合。

人的存在有两个方面体现了人生观的特殊功能和表达：爱和艺术。

这里仅指男女的情爱，也就是爱最严肃的含义——这就与那些人生观不能始终如一的人，或者除了惶恐之外没有始终如一的情感的人所经历的迷恋区别开来。爱是对价值观的反映。人必须依靠人生观才能爱上另一个人——他必须把握基本的情感总和，基础的存在观，也就是把握人格的精髓。他爱上的是那个人的性格所体现出的价值观，这贯穿着其大到人生目标、小到一切言谈举止，或者说创造了其灵魂的风格——独一无二、不可替代的意识的风格。他的人生观会进行筛选，并对它认识的另一个人的基本价值观做出反应。爱不是口头上的承诺（尽管承诺也不是毫无作用）；爱更多的是深奥的、意识和潜意识的和谐。

在这个情感认可的过程中会发生很多的错误和悲惨的幻灭，因为人生观本身就不是可靠的认知引导。如果邪恶可以划分等级的话，那么神秘主义的后果中最高一级的邪恶——按照给人带来的灾难来判定——就是坚信爱是"心里"的而不是思维中的；爱是情感中与理性无关的一种；爱是盲目的，是不受哲理影响的。而爱恰恰就是哲理的表达——潜意识的哲理总和的表达——而且也许在人的存在的范畴之内，再没有其他什么如此需要哲理的意识力量了。当这种能量被召唤出来以证实和支持情感体验的时候，当爱成为理性和情感、思维和价值观的有意识的整合的时候，人才会获得生命最高的奖赏。

艺术是现实根据艺术家的形而上学价值判断的选择性重塑。它将人的形而上学抽象概念整合起来，使之有形化。它为且只为人生观代言。因此，艺术也同爱情一样，成为神秘主义的受害者，面临着同样的危险，经历着同样的悲惨遭遇——当然，也有时获得同样的荣耀。

在人类的所有产品当中，艺术也许是对个人最重要的一类，也是最不被理解的一类——这点我将在下一章中详细解释。

1966年2月

三　艺术与人生观

如果一个人在现实生活中见到一位貌美如花的女子，身着精美绝伦的晚礼服，可红唇上却溃疡长疱，这样的小瑕疵只不过是美中不足，瑕不掩瑜。

不过假若上述女子出现在画中，就一定会被认为是对于人类、对于美、对于一切价值观的公然亵渎和恶意攻击——人们也一定会对这位艺术家产生极大的憎恶和愤慨（当然，也有些人能够勉强接受这样的艺术，甚至有人与这位艺术家的道德观念不谋而合）。

人们在情感上对如上画作的反应是即时的，远早于人们的思维整理出一套做出如此反应的理由。这样的反应（以及作画本身）源自人的心理学机理，就是人生观。

（故人生观是形而上学的雏形，一种对于人以及对于存在的潜意识的整体感性评价。)

艺术家靠人生观来掌控并融合他的艺术，人生观主导着艺术家在大到艺术取材，小到风格上的细节等种种选择中做出决定。观众或读者也是靠人生观对艺术作品感动、接受、赞同，或者反感、鄙夷，这样的反应是复杂而自发的。

这并不意味着人生观就是评估美学价值的正当标准，无论是对于艺术家还是对于欣赏者。人生观绝不是一贯可靠的。但是人生观的确是艺术的源泉，正是因为有了如此内在的心理学机理，人才得以涉足像艺术这样的领域。

艺术所涉及的情感与我们通常所说的情感不同。它更多是作为一种"官能"或是"感觉"被感知，但它具有两个与情感有关的特征：其一，它自发、直接；其二，它对体会它的人有一种意味深长（但难以捉摸）的价值含义。这里参与的价值观就是人生观，这种情感的定义便是："这就是我所认为的人生价值。"

无论艺术家在形而上学中持有的观点如何，艺术作品所表达的，无论从什么方面考虑，从根本上来说都是"这就是我眼中的人生"。而观众或读者反应的本质，无论考虑其中任何要素，都是"这是（或不是）我眼中的人生"。

艺术家与艺术的欣赏者之间的交流是一个如下的精神认识论过程：艺术家先把一个宽泛的抽象概念以他所认为适宜的一些确切实体表达出来；而后，艺术的欣赏者会感知那些实体，把它们整合在一起，并领会它们源自的抽象概念，这样就完成了一个轮回。从形而上学上来讲，创造的过程即推论的过程，欣赏的过程即归纳的过程。

这不等同于说传达思想是艺术家的根本目的，艺术家的根本目的在于把他对于人以及对于存在的观点引入到现实当中。但是这些观点要想能被引入到现实当中，就必须被转化为客观的（故，可理解的）存在。

在第一章中，我提到了人为什么需要艺术——也就是为什么人类作为以概念化的知识为先导的存在，需要能够把他形而上学的概念所形成的超长链条和复杂组合召唤到他的意识当中。"他需要对于存在的整体认知才能整合价值、明确目标、规划未来，使他人生得以维系，而不至于成为一盘散沙。"人的人生观提供给人的恰恰就是形而上学的抽象概念加成的总体；艺术把这些抽象概念有形化，于是人才得以感知——亲身体验——它们在现实中的形态。

精神整合的作用就在于它能自发地进行某种关联，所以这种整合能够自主工作，不需要有意识的思维活动便可以被激发。（所有的学习过程都必须使得一部分知识进入自发的部分，为更进一步的知识获取腾出空间。）人的思维中也有很多特殊的抽象链条（它们包含着纵横交错的概念）可以"脚踩两只船"。认知概念是一条最基础的链条，其他的所有链条都依靠它存在。除认知概念之外的链条都来源于思维的整合，它们为一个特殊的目的服务，形成时遵循着各自不同的法则。

认知概念遵循的法则为：什么是必不可少的？（这里是指认知学上的必不可少，即可以将一类存在与另一类存在分隔开来）。规则概念遵循的法则为：什么是好的？审美概念遵循的法则为：什么是重要的？

艺术家创造的现实不是来源于胡编乱造——他只是将现实程式化。他把他认为在形而上学上重要性较高一些现实的方面遴选出来——将它们分离并强调，删除琐碎的和巧合的部分，最终呈现出他眼中的存在。他的概念并没有与现实的存在分道扬镳——这些概念其实整合了现实存在以及他对现实形而上学的分析。他的遴选就决定了他的分析：艺术作品当中的一切事物——从主旨到取材，再到一笔一画、一词一句——都具有了形而上学的意义，这种意义仅仅来源于它们确实被涵盖在了作品当中，它们由于重要而被涵盖在了作品当中。

把人塑造成神的形态的艺术家（比如古希腊的雕塑家）也同样意识到人会残疾，会得病，会老无所依；但是他认为这些状况都是意外，是与人类的本质无关的——于是他刻画出了一个充满着力量、美感、智慧、自信的形象，并将其作为人的常态。

把人表现为畸形怪物的艺术家（比如中世纪的雕塑家）也同样意识到有些人健康、幸福、向上；但是他却认为这些状况是意外的、虚幻的，是与人类的本质无关的——于是他刻画出了一个充满着苦痛、丑恶、恐惧的扭曲形象，并将其作为人的常态。

现在我们可以回到一开始的那幅画上。美丽女子嘴唇上生的溃疡本来在现实生活中无伤大雅，可一旦入画，就具有了非同小可的形而上学上的意义。这可以说明一个女人的美，以及她为了花枝招展的外表所费的心机（那件精美绝伦的晚礼服）在一个微不足道的瑕疵面前一触即溃——这简直就是现实对人的玩弄——且不说大灾变的力量，人类的价值观和上进心连面对一个小的可怜的缺憾都如此不堪一击。

自然主义者的论断——他们会说，在现实生活中，女人是有可能生溃疡的——是与美学无关的。艺术不能与现实发生的事情相提并论，艺术的重点是它的形而上学上的重要性。

艺术偏向形而上学在一个很广泛的现象中可见一斑。小说的读者会认为他与某个或某些人物"不谋而合"。"不谋而合"的体会就是现实的抽象过程：它识别出人物和读者自身的一个相同特征，从人物的矛盾中得出抽象，再应用到生活中。这个过程完全在潜意识中，无须任何美学理论，纯粹依赖艺术本身暗含的本质来启发。这就是大部分人对小说和任何一种艺术的反应。

这极好地阐述了新闻事件和小说故事的一大区别：新闻事

件描述的现实存在也许可以得出一个抽象，也许不可以，也许与一个人的生活有关，也许无关；小说故事的抽象则注定具有普遍意义，即可以被应用于每个人的生活，包括读者自己的生活。因此一个人看到一起新闻事件之后或许会事不关己高高挂起；但是看到一篇小说之后则会反映出极强的个人情感，尽管故事是杜撰的。如果读者认为小说中的抽象可以被应用于自己的生活，那么这种情感就会是积极的——反之如果读者认为小说中的抽象有百害而无一利，那么情感就会是极端消极的。

人从艺术作品中获得的绝不是纪实、科普或者德育（尽管这些也许会以副产品的形式产生），而是满足一种更深远的需求：确认他的存在观——不仅仅是为了驱散认知上的怀疑，更是为了让他可以脱离自身，用实体的方式来思索他思维中的抽象概念。

由于人依靠重塑物质环境来达到自己生存的目的，且他不得不创造并确立他的价值观——理性的人需要他们价值观的实体投影，一幅他重塑世界和自我的蓝图。艺术给他提供了这样的蓝图：在艺术中，人们遥不可及的目标变成了完整的、直接的、实体的现实。

理性的人拥有无限的梦想，他追寻并完成价值观的过程充斥着他的一生——越高不可攀的价值观就越需要更多的努力——于是他需要一个时刻、一个钟点，或者随意多长时间，来想象他梦想的实现，体味那个他的价值观已经成为现实的世界。这个时刻好像是一种休息，让他重新充满能量向前行进。艺术就是这种能量：思索人生观在客观现实中实现的快感就是感受在理想世界中生活的快感。

"这种体验的重要性不在于人从中学到了什么，而在于他具有这样的体验。能量也不来自原理理论，不来自'谆谆教诲'，而来自一瞬间的形而上学的快感，这足以让人重获新生。"（参阅第十一章。）

同样的道理也适用于非理性的人，只是需要根据不同的观念和反应给出不同的解释。对于非理性的人来说，他无可救药的人生观的实体投影不是作为前进的能量和鼓舞，而是作为裹足不前的借口：他的人生观断定价值观是无法达到的，努力是徒劳的，恐惧、罪恶、痛苦和失败是人类的既定命运——所以，他对此无能为力。在另一种稍理性一些的情况下，他崩坏的人生观的实体投影提供给他的是一幅图谋不轨、憎恶现实、妒贤嫉能、礼坏乐崩的图景；他的艺术带给他的那种实现给他一种错觉——他是正确的。也就是说，邪恶在形而上学上近乎是万能的。

艺术是人形而上学的一面镜子；理性的人希望在镜子中照出对他的致意；非理性的人希望在镜子中照出对他的辩护——哪怕是对他醉生梦死的辩护，他那早已叛离的自尊心的一点点回光返照。

在这两个极端之间，充满着数不胜数的中间派——他们的人生观要么是理性与非理性之间随时可能失衡的配比，要么完全就是二者的自相矛盾——也充满着数不胜数的此类艺术作品。由于艺术是哲学的产物（而人类的哲学就是两种元素不可调和的产物），世界上大部分的艺术，包括一些凤毛麟角的杰作，都属于这个类别。

某个艺术家的哲学正确与否，不属于美学的范畴；其正确与否也许会影响一位观众的观感享受，但不影响整体的美学水平。然而，一定的哲理、些许暗含的人生观的确是艺术作品之必需。如果艺术全无形而上学的价值观，却提供一种灰暗的、随机的、含混不清的人生观，那么就会导致缺乏能量、动力和声音的灵魂，从而使得一个人在艺术领域无所作为。糟糕的艺术主要就体现在模仿、抄袭上，体现在缺乏创意的表达上。

艺术作品的两个不同而又相关的元素——题材和风格——都是投影人生观重要的途径，艺术家选择表现什么以及如何表现它。

艺术作品的题材表达的是人的存在观，而风格表达的是人的意识观。题材揭示艺术家的形而上学，风格揭示艺术家的精神认识论。

题材的选择意味着艺术家认为存在的哪一方面重要——值得重塑，值得思索。他可能选择表现英雄人物，作为人性的典范——他也可以选择集合很多平凡、普通、默默无闻的人物的特点,他也可以选择浑浑噩噩的行尸走肉作为代表。他可以表现英雄人物实际层面上或精神层面上的胜利(维克多·雨果),或者他们的挣扎(米开朗琪罗[1]),或者他们的溃败(莎士比亚[2])。他也可以表现隔壁的普通人:宫殿的隔壁(托尔斯泰[3]),或者杂货店的隔壁(辛克莱·刘易斯[4]),或者厨房的隔壁(扬·弗美尔[5]),或者下水道的隔壁(左拉[6])。他也可以用各类牛鬼蛇神表现道德沦陷(陀思妥耶夫斯基[7]),或者表现恐惧(戈雅[8])——或者他甚至可

---

1 文艺复兴时期杰出的雕塑家、建筑师,极度强调人物的"健美"。——译者注
2 最伟大的戏剧家,他在创作生涯的后期主要创作悲剧,着重描写斗争和复仇,其中四大悲剧,即《奥赛罗》《哈姆雷特》《李尔王》和《麦克白》最为著名。——译者注
3 俄罗斯小说家、哲学家,他的作品很多都关乎人性和阶级,剖析善与恶。——译者注
4 美国小说家,他的作品涵盖了许许多多美国人的生活经历,《大街》《巴比特》等作品被誉为美国城镇社会生活的百科全书。——译者注
5 荷兰黄金时代最伟大的画家,他的题材大部分都是荷兰普通人生活和劳作的场景。——译者注
6 自然主义文学的代表人物,他对穷人和下等人十分同情,用文学揭露上层社会的奢靡和淫秽。——译者注
7 19世纪俄国的伟大作家,他着重写平凡人不平凡的想法,从中挖掘人性的阴暗面。——译者注
8 西班牙浪漫主义画派画家,画风神奇多变,风格却总是十分阴郁。——译者注

以呼吁人们同情他的怪兽，出离价值观和美学的体系之外。

无论是上述哪种情况，题材（受到主题的限制）将艺术作品的存在观投影到现实世界。

艺术作品的主题是其题材和风格之间的纽带。"风格"是一个特殊、独有、典型的表现方式。艺术家的风格来源于他自己的精神认识论——同时，这也意味着风格是他意识观的投影，即他认为意识是否具有功能，以及意识以何种方式和程度发挥功能。

在大多数情况下（尽管不是在所有情况下），一个总是以精力的集中为常规心理状态的人会以精益求精、抽丝剥茧的风格创作，并与此类作品产生共鸣——这种风格提纲挈领、字斟句酌，每个字句都经得起推敲，整体轮廓鲜明——它的意识层次属于一个"A 就是 A"的世界，一切都能够被人的意识感知，并要求人的意识时刻发挥其功用。

一个总是被感官的迷雾影响，大部分时间都游离于精力的焦点以外的人会以含混不清、沉郁昏暗的"神秘"风格创作，并与此类作品产生共鸣。它们大多不得要领、若即若离、不明不白，表象脱离存在，存在脱离实际——它的意识层次属于一个"A 可以不是 A"的世界，一切都暧昧不明，人的意识也没有发挥功能之处。

风格是艺术中最复杂、最说明问题，也最莫可名状的元素。艺术家遭受的与常人相同的（或者是更多的）痛苦，在艺术作品中被放大了。例如：萨尔瓦多·达利[1]的风格有着理性精神认识论的明晰，但他的大部分作品（也许不是全部）都使用了十分非理性的叛逆题材。弗美尔的画作中也体现了类似的冲突，不过比达利的要稍微弱一些。他常将风格上的冰洁冰清和自然主义黯淡的形而上学结合起来。另一个风格上的极端是所谓"开放式"画风[2]的故弄玄虚和视觉扭曲，上至伦勃朗[3]——下至以立体主义[4]，力图用与人的感知正相反的意象（多个视角同时出现）瓦解人的意识，并采用以文为代表的与意识背道而驰的艺术形式。

作家的风格可能表现出理性和感性的结合（雨果），或者是飘忽不定的抽象概念和脱离现实的情感组成的大混乱（托马斯·沃尔夫[5]），或者是来自一位伶牙俐齿的记者的幽默风趣和口无遮拦（辛克莱·刘易斯），或者是来自一位批评家的敏锐、有条理却温和的轻描淡写（约翰·欧汉拉[6]），或者是来自一位反

---

[1] 西班牙杰出的超现实主义画家，作品极端奇异，代表作为《永恒的记忆》。——译者注
[2] 与线性相对，主要形容一笔一画清晰可见的画作，例如伦勃朗、凡·高，以及印象派的大部分作品。——译者注
[3] 17世纪伟大的德国画家。——译者注
[4] 20世纪以毕加索为首的先驱艺术运动。——译者注
[5] 20世纪美国优秀的青年作家，但英年早逝，他在创作生涯中一直在尝试现代主义的写法，代表作《天使望故乡》。——译者注
[6] 美国作家，其作品着重写作阶级差异和美国的社会生活。——译者注

道德主义者的谨慎细致的字斟句酌（福楼拜[1]），或者是来自二流作家矫揉造作的拾人牙慧（众多不值一提的现当代作家）。

风格传达的是"人生观的精神认识论"，即艺术家日常感受最多的心理机能。因此风格在艺术中极为重要——对于艺术家和观者都是如此——也正因如此，艺术的重要性才是极为个人的。于艺术家为表达，于观者为对自我意识的证实，也就是对他意志效力的证实，也就是对他自尊的证实（或是对伪自尊的证实）。

不过丑话说在前头，美学判断的标准不可混与其他。人生观是艺术的源头，但它不是评价一个艺术家或美学家的唯一条件，更不是美学判断的标准。情感不是认知的工具。美学是哲学的一个分支——哲学家不会用感觉和情感作为判断标准分析任何一个哲学分支，所以美学也是一样。人生观作为一种专业方法还远远不够。美学家，以及所有试图评判艺术作品的人，必须在情感之外有所引导。

一个人是否同意艺术家传达的哲理与其作品作为艺术品的美学价值无关。他不需要与艺术家多么志同道合（也不需要多么欣赏他的作品）就可以评判他的作品。从本质上来讲，客观的评判需要一个人能够辨别艺术家的主题，也就是作品的抽象含义

---

[1] 法国伟大的批判现实主义小说家，文风自然朴素，代表作为《包法利夫人》。——译者注

（只关注于作品中的证据，而排除作品外的一切考虑），然后分析艺术家是如何传达这一主题的，即把艺术家的主题作为标准，评判作品中纯粹的美学元素，也就是他成功表现（或者没能成功表现）他的人生观所使用的技术手段（或技术手段的匮乏）。

（贯通一切艺术、无视一切个人意念、统领所有客观评判的美学原理，不在我们的讨论范围之内。我只是想明确一点，也就是这些原则是由美学定义的——而这项任务已经被现代哲学毁得面目全非。）

由于艺术是由哲学组成的，如下的说法就不是自相矛盾："这是一个很棒的艺术作品，但是我不喜欢它。"——假如一个人有着如下的考虑：前半句是指纯粹的美学评价，而后半句进入了更深的哲学层次，引入了除美学价值之外的因素。

个人取向也极大地决定了一个人是否喜欢某个艺术作品——这也是人生观之外的因素。人生观只会在一个人对一件艺术作品体会到十分个人的情感时才会完全地参与进来。但除此之外，欣赏还有很多层次和程度；它们之间的区别就好像是情爱、好感和友谊的区别。

例如：我很喜欢雨果的作品，不仅仅是因为我崇拜他无与伦比的文学禀赋。我发现他的人生观和我的人生观有很多相似之处，尽管我对于他提出的一切哲理都不敢苟同；我也喜欢陀思妥耶夫斯基，因为他引人入胜的情节架构和他对心理阴暗面的无情拆解，尽管他的哲理以及他的人生观和我的有着天壤之别；我喜欢米奇·斯皮兰[1]早期的小说，因为他巧夺天工的故事和以道德为主线的风格，尽管他的人生观与我的不尽相同，他的作品也没有强烈的哲理元素；我无法忍受托尔斯泰的作品，因为看他的书是我干过的最无聊的事情，他的哲理和人生观不仅仅是错误的，而且是邪恶的，不过从纯文学的角度说，我不得不承认他以他独特的方式跻身为十分优秀的作家。

为了把理性分析和人生观的区别阐述清楚，我用人生观的术语把前面一段重新写一遍：读雨果就好像走进一座教堂；读陀思妥耶夫斯基就好像跟着一位可靠的向导走进恐怖的鬼屋；读斯皮兰就好像是在公园听着星劲乐团的奏乐声；读托尔斯泰就好像走进一个不值得逗留的乱糟糟的后院。

当一个人学会把艺术作品的含义"翻译"为客观意象的时候，他就会发现没有任何东西能够像艺术一样强有力地暴露出人性的本质。艺术家在作品中揭示出他赤裸的灵魂——而你们，亲爱的读者们，也在你们对作品的反应中揭示出你们赤裸的灵魂。

1966年3月

---

[1] 美国小说家，在20世纪80年代的创作巅峰曾几乎包揽当时的畅销书榜。——译者注

四　艺术与认知

美学家总是没能回答的一个常见问题是：什么样的东西可以被定义为艺术作品呢？哪些形式可以被称为艺术——为什么是这些形式呢？

对艺术各大分支的考察会帮助我们回答这个问题。

艺术是现实根据艺术家的形而上学价值判断的选择性重塑。人对艺术的渴求源于认知能力的概念性，即人需要以抽象的方法来获取知识，且需要一种把包罗万象的形而上学的抽象概念内化为触手可及的感知认识的力量。艺术满足了这个需求：通过选择性重塑，艺术能将人最基本的自我观和存在观有形化。其效果就是人得以知晓他的经历中有哪些部分是不可或缺的重中之重。如此而言，艺术教会人如何使用意识。它把人的意识条件化、程式化，给人传达一种面对存在的特定方式。

将上述理论作为前提，我们就可以来讨论艺术各个主要分支的本质,以及它们采用的具体媒介了。

文学使用语言重塑现实;绘画使用二维平面上的颜色;雕塑使用三维的材料。音乐使用发声体的周期性震动产生的声音,以激发人的人生观情感。建筑是一个独立的类别,因为它把艺术和实用目的结合起来,而且建筑并没有重塑现实,反而是创造出人类作息需要的结构以表达人的价值。(同理,还有表演艺术的媒介是艺术家本身;我们会在后面讨论这个问题。)

现在来看一看这些艺术与人的认知能力的关系。文学关注概念领域;绘画关注视觉领域;雕塑关注视觉和触觉的结合;音乐关注听觉领域。(建筑,作为一种艺术而言,与雕塑十分类似:它的领域是三维的,即兼有视觉和触觉的,不过建筑延展到了一种更大的空间体量。)

人认知的发展始于感知事物的能力,即感知存在的能力。在人的五种感官当中,只有两种提供了直接认识存在的方式:视觉和触觉。其余的三种感官——听觉、味觉和嗅觉——使的人可以认识存在的一部分特征(或是存在带来的一些影响):这些感官让人知道某个事物在发出声音,或者某个事物尝起来是甜的,或者某个事物闻起来很新鲜;但是为了感知"某个事物",他必然需要使用视觉及(或)触觉。

"存在"的概念标志(暗示)着人的概念发展的开始,也是他整个概念架构中不可缺少的材料。人正是通过感知实体来感知世界的。而且为了将他的存在观有形化，他也必须依靠概念的方法（语言）或者依靠他的能够感知存在的感官（视觉和触觉）。

音乐并不关注存在，这导致其精神认识论功能与其他艺术不同。我们会在之后讨论这个问题。

文学和人的认知功能直接的关系是不言而喻的：文学使用语言重塑现实，即通过概念重塑现实。但是为了重塑现实，艺术必须概念化地表现人的认识中官能感知的层次：实体、独立的人和事、景象、声音、纹理，等等。

所谓视觉艺术（绘画、雕塑、建筑）会创作出存在，也就是能够感知的实体，然后用它们表达抽象、概念化的含义。

所有这些艺术在本质上都是概念化的，它们只是方式上有所不同。文学把概念整合成感知，而绘画、雕塑、建筑把感知转化成概念。但终极的精神认识论作用是相同的：整合人的认知、统一人的意识、澄清人对现实的理解。

视觉艺术不关注于认识的官能领域，而是关注于概念化意识感知到的官能领域。

成年人的官能感知认识不仅仅包括感官信息（像婴儿时期的一样），也包括将感官信息和浩瀚的概念化知识结合起来的自动整合。视觉艺术改善并引导了这些整合中涉及的官能元素。通过选择、强调和排除，视觉艺术将人的视线牵引到艺术家希望的概念环境中，教会人在视野中明察秋毫、追根问底。

我们在看一幅画的时候经常会有这样的感觉——例如，苹果的静物画——画中的苹果"比现实中的还要真实"。苹果在画中看起来更加光鲜亮丽，它们仿佛高昂着头颅，如此高于现实的品质是在现实生活和摄影作品中难以见到的。但是只要我们仔细去看，就可以发现现实中的苹果没有一个像画中那样的。那么，艺术家到底做了什么呢？他创作了一种视觉抽象。

他完成了一个概念形成的过程——分离并整合——但是都是在完全视觉的层面上。他将苹果基本的、突出的特征分离出来，并把它们整合成一个单一的视觉单元。于是，他将各类机能的概念化方式都变为了一种器官——视觉器官——的工作。

任何人都不能原原本本、不加选择地感知每个苹果的每个不经意、不重要的细节；每个人都会感知和记住某些方面，不一定就是那些最基本的方面；每个人的头脑中都隐隐约约有一个苹果的大致形象。绘画通过视觉的基本元素将这个形象有形化，虽然很多人都没有注意过或者没有识别出这些元素，但是他们一眼就认了出来，所以他们会感觉："对，这就是我脑子里苹果的样子！"事实上，没有任何一个苹果是这个样子——只有通过艺术家选择性的眼睛聚焦之后，苹果才成了画中的模样。但是从精神认识论上来说，艺术家创造的高于现实的艺术不是一种幻象：它来源于艺术家自己脑海中形象的清晰度。绘画整合了众多随机形象，使得视野中的一切事务规则了起来。

将同样的过程应用到题材更复杂的绘画上——山水、风景、人物、肖像——你就会体会到绘画艺术的精神认识论力量。

艺术家越能将机能的概念化方式转化为视觉，他的作品就越伟大。艺术家中最伟大的一位，弗美尔，他的绘画完全专精于一个单一的主题：光线本身。他的艺术构成遵循着这样的原则：人对光线（和颜色）的感知能够起到背景的作用。弗美尔在画布上构造的物品所组合而成的相关关系，形成了画作中最亮的光斑，有时甚至夺目耀眼。这样的效果前无古人，后无来者。

（可以将弗美尔的金辉玉洁和印象派画家自称使用最纯净颜色的画架、用点和线乱画出的不三不四做对比，弗美尔将感知上升到了概念的层次；印象派画家试图把感知拆解为感官信息。）

也许会有人希望（我是其中一位）弗美尔选择一些更好的题材来表达他的主题，但是对他来说，题材恰恰仅是一种方式。他的风格表现的是广泛的非视觉抽象产生的有形化影像：理性思维的精神认识论。它进一步表现出明晰、规则、自信、意志、能量——属于人的世界。如果一个人在看弗美尔的画时感觉到"这就是我的人生观"，那么这个感觉就不仅仅是视觉感知上的认同了。

就像我在"艺术与人生观"中提到的，绘画的其他一切元素，例如主题、题材、构成，都是为了表现艺术家的人生观。但就现在的讨论而言，风格是最重要的元素；它决定了艺术被限于一种怎样的形态内，使用何种视觉手法，才能表达和影响人的意识总和。

我现在想不加评论地引用我个人遇到的一件事。我十六岁那年的夏天参加过一个人的绘画课，假若他能够在当时的环境中生存下去，他一定会成为一位伟大的艺术家。但我很怀疑他能否活得下去（因为那是在俄国）。尽管是在当时，他的绘画就已经相当令人钦佩。他会停止整个班的教学，手把手地教我们画一条曲线：他告诉我们每一条曲线都必须被分割成数段相交的直线。我爱上了他的风格；如今依旧。现在我终于知道了原因。我当时（和现在）感受到的不是"这适合我的口味"，而是"这就是我"。

作为一种艺术形式，雕塑相比绘画就要更受限一些。它利用艺术家对人形的把握表达他的存在观，但是这仅限于人形。（关于雕塑的方式方法，请参见《大理石中的形而上学》，作者是玛丽·安·舒尔斯[1]，刊载于《客观主义者》杂志，1969年2—3月刊——原注。）

雕塑需要关注两种感官，视觉和触觉，所以雕塑限于表现一种与人的感知不同的三维图像：无色的三维体。雕塑在视觉上给观者提供抽象感官；但在触觉上，雕塑就全然是实体感官，

---

1 安·兰德的挚友，纽约大学、亨特大学艺术史学教授，著有《多面安·兰德》，安·兰德协会2011年出版。——译者注

于是雕塑便被限制于实体存在的范畴中。在众多雕塑中,唯有人形可以表现形而上学的内涵,至于动物雕塑和无机的静物,则很难表现任何东西。

就精神认识论而言,正是因为触觉在雕塑中是必需的元素,表面纹理才在雕塑中显得尤为重要,纹理几乎可以将伟大的雕塑家与平庸之辈区分开来。各位读者可以看看米罗的维纳斯[1],或者米开朗琪罗的名作圣母怜子雕像[2],皮肤柔软、润滑、怡人的弹性都在坚硬的大理石上体现了出来。

值得一提的是,雕塑几乎已经灭亡。它的黄金年代出现在古希腊,那个哲学意义上以人为中心的文明。当然,雕塑的复兴可能会随时发生,但它的未来极大程度上取决于建筑的未来。这两类艺术唇齿相依;雕塑面临的一大问题就是它的最有效作用之一就是在建筑中充当装饰。

我不想再涉及建筑的讨论——相信读者一定明白我希望你们参考哪本书。[3]

---

[1] 即断臂维纳斯,以古希腊、古罗马神话中的爱神为人物题材,现藏巴黎卢浮宫。——译者注

[2] 现藏梵蒂冈圣彼得大教堂,圣母怀抱着平躺着的圣子耶稣基督,雕像完成于1499年。——译者注

[3] 指安·兰德出版于1943年的巨著《源泉》,其中的主人公洛克是一位建筑师。安·兰德在著书前耗费了数年时间收集有关建筑学的资料,该书畅销后也对建筑领域产生了很大影响。——译者注

我们还要提提音乐。

音乐和其他艺术形式最根本的不同点就是音乐给人的感受好像与人正常的精神认识论过程相反。

其他的艺术形式都会创作一个实际的物品（即人的感官可以感知的事物，例如书或绘画），而后精神认识论过程便从对物体的感知进展到对其含义的概念化理解，再到对其基本价值观的评判，再到一种情感。所以其模式是：感知——概念化理解——评判——情感。

而音乐中涉及的模式则是：感知——情感——评判——概念化理解。

音乐给人的感受就好像它能够直达人的情感层面。

对于无论是关于存在还是关于美学的情感来说，对音乐反应中涉及的精神分析论过程都是自发的，故会被感受为一个单一的、瞬间的反应，快得令人还未来得及识别它的步骤。

不过（某种程度的）自我分析还是可以探究思维在聆听音乐时的工作方式的：它激发了一些潜意识内容——图像、行为、景象、实际或想象的经历——这一切杂乱无章地流动着，毫无方向可循，短暂而随机，它们合并、变化、幻灭，好像梦一样。但是，实际上这种流体是具有选择性和一致性的：潜意识内容内含的情感和音乐表现的情感是相同的。

人在潜意识中（即暗中）知道他不能无缘无故地体会到一种

情感。当音乐激发了一种情感状态，而又缺乏一个外部存在的受体，人的潜意识就会寻找一个内部的受体。这个过程很难用语言描述，不过可以用如下的句子大致勾勒出来："如果……我会有这种感觉。"如果我在春日清晨的美丽花园里……如果我在一个金碧辉煌的舞厅中舞蹈……如果我看到了我的爱人……"如果……我会有这种感觉。"如果我在波涛汹涌的大海上与暴风雨搏斗……如果我在攀登悬崖峭壁……如果我面对着戒备森严的街垒……"如果……我会有这种感觉。"如果我在翻越那座山峰……如果我沐浴着明亮的阳光……如果我战胜了那片路障……就好像在不久的将来……

这个现象中有三个值得注意的方面：（1）它是由故意暂止人的意识思考，并交由情感引导而导致的；（2）潜意识内容之所以飘忽，就是因为没有一个单一的图像可以总结音乐的含义，故思维需要寻找一系列图像，摸索它们的共同点，也就是摸索情感抽象概念；（3）情感抽象的过程，即用事物激发的情感来将其分类的过程，就是一个人形成人生观的过程。

人生观是形而上学的雏形，一种对于人以及对于存在的潜意识的整体感性评价。人就是通过基本情感——他的形而上学价值判断产生的情感——来对音乐做出反应的。

音乐是不能讲故事的，它不能表现实体，不能传达某个现实的存在，比如宁静的乡村或者海浪滔天的洋面。一首被命名为"春之歌"的曲子，它的主题其实不是春天，而是春天在作曲家心中激发的感情。即便是那些知性上很复杂的抽象概念，例如"和平""革命""宗教"，对于音乐来说都过于细枝末节了，过于与"实体"相关，以至于音乐无法表达。遇到如上的主题，音乐所能做的只有传达宁静、抗争和喜悦的情感。李斯特的"水面上行走的圣弗朗西斯"[1]是由一个特定的传说生发出来的，但是它实际上却用十分精妙绝伦的手法传达了奋斗和胜利的情感——至于是谁做的、又为谁而做，就需要每一位听者来揣度了。

音乐表达情感，听者只能理解，不能感受；人感受到的只是一种暗示，一种遥不可及的、相互分离的、非人性化的情感——直到它与一个人的人生观结合。但是由于音乐的情感内含不是由概念传达的，也不是由存在引发的，所以人会以一种神奇的、隐秘的方式感受到音乐传达的情感。

面对人生观截然不同的听众，音乐却能传达同类的情感。人们会不约而同地认为某段音乐是快乐的还是悲伤的，热烈的还是庄严的。但是尽管如此，尽管人们大体上会因某段音乐体会到类似的情感，它们对于情感的评判，即他们对情感的感受，还是可以大相径庭。

---

1 也译作"在水上行走的保罗圣方济"（Legende S.175 No. 2, St Franois de Paulemarchantsur les clots），其灵感来自天主教的传说。——译者注

我在很多情境下做过以下的实验：让一组实验者听一段音乐的录音，然后让他们在排除有意识的编造和思考的情况下，描述这段音乐在他们的思维中自主地启发出了何种图像、行为或者事件（这属于一种主题类化测试）。我得到的描述实体细节不同、清晰度不同、色彩不同，但是实验者都抓住了最基本的情感——加之以极其不同的评判。例如在一个实验中，就出现了从一极到另一极的各种程度的评判，如："我太爱这段音乐了，因为它简直快活得无忧无虑。"再如："我很不喜欢，它太欢快了，一点内涵都没有。"

从精神认识论的角度分析，这样的反应模式看起来是这样的：人感知音乐，人理解某种情感状态所代表的暗示，人用人生观作为标准评判这种状态是快乐的还是痛苦的，良好的还是不良的，很重要的还是可忽略的，这些都取决于音乐传递的情感抽象与一个人的人生观相符还是相悖。

当音乐传递的情感抽象与一个人的人生观相符时，该抽象便能形成一个完整的、明亮的、效果强烈的现实——于是人就会感受到一种从未从现实存在中获得的极强的情感。当音乐表现的情感抽象与一个人的人生观相悖时，人只会感受到一种使人忧郁的不适或厌恶，或是某种萎靡。

我观察到很多这样的情况，一些人在一段时间内发生了较大的人生观上的转变（有些是朝着优化的方向发展了；有些是误入歧途）。它们对音乐的好恶也会随之变化；这样的变化是逐步的、自发的、潜意识的，不需要人做任何决定或在有意识层面上定下任何目标。

需要强调的是，实际上发生的模式远不止由于"相符"或"相悖"而导致喜欢轻快的音乐、不喜欢忧伤的音乐或者反过来那样简单。其实这一切要复杂得多，"音乐"得多。不仅仅是说一个曲目表达了怎样的情感，而更是说它如何表达了这样的情感，通过怎样的音乐方式和方法。（例如，我对一些轻歌剧很是喜爱，但是比起《蓝色多瑙河》[1]或者纳尔逊·艾迪与珍妮特·麦克唐纳[2]类型的音乐，我还是更喜欢葬礼进行曲。）

就像其他的艺术形式或者其他人类的产物一样，音乐的历史沿袭也是以哲学为基准的。但是不同文化、不同时期的音乐之间存在的区别，比其他艺术形式的区别要大（连音符和音节都大不相同）。西方人可以理解和欣赏东方绘画；然而东方音乐对于他们而言则好像天方夜谭，听起来如噪音一般，不会激发他们内心的任何东西。就这方面，不同文化的音乐就好像不同文化的语言；任一语言对外国人而言都是无法理解的。但是语言表述的都是概念，各类语言之间可以相互翻译，但是各类音乐

---

[1] 奥地利作曲家小约翰·施特劳斯最著名的圆舞曲。——译者注
[2] 安·兰德同时代的当红演员，他们搭档拍摄的电影中很多主题曲都是他们自己演唱的。——译者注

之间却不能。音乐没有通用的词汇（即便是在同种文化的成员之间）。音乐表达的是情感——不同文化的音乐是否表达同样的情感实在是难以确定的。人的情感能力是有共性的，但是假如是针对某种情感，这种共性就不复存在：符合人生观的情感会妨碍其余情感的出现。

上述分析让我们不得不问一个伟大而从未被回答的问题：**为什么音乐会使得我们感受到情感呢？**

在那些作品可以通过正常的认知过程感知的意识中，该问题的答案可以在作品中寻找，只需对其本质和含义的概念化分析；这样，通用的词汇和美学判断的客观标准就可以建立起来。直到现在，音乐领域都没有这样的词汇和标准——无论是在各类文化中间还是仅限于一类文化。

答案很明显，就在音乐作品的本质中，因为正是那些作品激发了情感。但是如何呢？为什么一串声音就可以产生情感反应呢？为什么它能够召唤人最深的情感以及其根本的形而上学价值观呢？声音又是如何直接抵达人的情感，好像跳过了人的思维？一些声音的组合到底对人的意识做了什么，才让它识别出开心或忧伤？

这些问题的答案，迄今为止无人知晓。而且我也要赶忙补充一句，我也无从知晓。要想建立起音乐的词汇，就必须回答这些问题，也必须将被称为乐感的内在感受翻译成概念语言；

解释为什么某种声音会给我们留下某种印象；定义音乐感知的原理，只有明晰了原理，正确的美学理论才能由之引出，作为客观美学判断的基础。

这意味着我们需要对音乐感知领域的主观和客观有一个清晰的概念化区分，就好比我们在其他艺术领域以及我们的认知能力领域所掌握的一样。这个区分中必备的就是概念认知：人只有能够分辨内在思维过程和感知获得的事实，他才能超越感知的意识层次。动物就不能分辨这二者；幼儿也无法做到。人在除音乐外的其他感官和艺术中具备分辨这二者的能力；他能够知道他视线的模糊是因为周遭的雾霾还是因为视力的下降。偏偏只有在音乐领域，人依旧仿佛在婴儿阶段。

在乐声中，人不能清楚地知晓——亦不能证实——他的感受中哪一部分直接来自音乐，哪一部分是由意识创造的。他的一切感觉形成了一个不可分割的整体，他感觉到了音乐中巨大的欢愉——同时他却很大惑不解地发觉有些人跟他有同样的感觉，而另一些人则不是。所以在音乐的本质层面，人类还存在于感知的意识层面。

没有概念词汇的发现和定义，音乐领域就不可能有客观有效的美学判断标准。（虽然技术上的标准确实存在，但这些标准都是关于和声结构的，故不存在关于内涵的标准，即没有解释乐曲的情感含义以及反应的美学客观性的标准。）

迄今为止我们对音乐的理解还局限于表面，即描述性的观察。在音乐被概念化之前，我们都只好认为音乐的品位和喜好都是主观的——当然，这是从认识论的观点来说，不能从形而上学的观点来说；我不是说音乐的喜好是无缘无故、无规律可循的，而是说我们不知道它的缘故和规律。因此任何一个人都不能宣称他的品位在客观上比别人的要先进。也正是因为音乐偏好都是没有证据可以证明的，每个人都可以有自己的观点，也只能代表自己的观点。

之所以音乐感知的本质还没有被发觉是因为解开音乐奥妙的钥匙是生理学——也就是人感知声音的机制——这个答案须由生理学家、心理学家和哲学家（美学家）一同得出。

对于此问题的研究和探寻是由19世纪伟大的生理学家亥姆霍兹[1]开始的。他用如下的话来总结他的著作《作为乐理的生理学基础的音调感受的研究》："我所做的工作大概就是如此了。我觉得我基于听觉的哲学属性对音乐系统构造的影响，也就是基于自然哲学范畴的音乐，已经尽我所能地进行了研究和阐释……真正的困难仍然在于是怎样的精神动力支撑了音乐的美。这很明显是音乐美学的动人之处，因为音乐美学必须解

---

[1] 德国人，作为定义"亥姆霍兹自由能"的物理学家，他对感知学的贡献首先是他发明的检眼镜和共鸣器。引用的后文是他对后世影响巨大的声学研究著作。——译者注

释音乐瑰宝是如何被创造的，同时也必须彻底解释人之所以会沉迷于音乐是怎样一种原因。但无论这样一种研究方向是多么吸引人，我仍然没有擅自尝试，而是希望其他人在日后深入探讨，这主要是因为我认为我在这一方向实在没有太多经验。我还是在研究自然哲学的时候更得心应手，就像鱼儿在水中一样自在。"（纽约，多夫出版公司，1954年，371页）

据我所知，没有任何一个人试图"进行这样的研究"。当今心理学和哲学每况愈下的大环境使得这样的事业几乎不可能完成。

我现在以精神认识论的方法给人对于音乐的反应提出一个假说，但是我希望读者记住这只是一个假说。

如果人在毫无现实存在的启发下就体会到了一种情感，那么唯一能够激发这一情感的就是他意识的行为或状态。音乐的感知中涉及怎样的思维过程呢？（我这里指的不是情感反应，因为那是一个结果，我指的是感知的过程。）

我们一定要记住，在认知发展的各个层次中，意识的最主要作用就是整合。首先，人脑会将官能信息转化为感知，让官能的混乱变得有序；这种整合是自发的；它需要一些演变，但是不需要意识。第二步就是把感知整合为概念，这就是表达。这之后，他的认知发展则体现在将概念整合为更广泛的概念，扩展了思维的宽度。这个阶段必然需要意志参与，且需要人的不懈努力。官能整合的自发过程会在婴儿期完成，进入成年后就会彻底停止。

唯一的例外就是周期性声音的领域，即音乐。

非周期性的振动产生的声音是噪音。一个人可以一直听着噪音，持续一个小时、一整天，甚至一整年，然而噪音还是噪音。但是一个人以同样的方式听音乐，则会有不同的效果——人的耳朵和大脑会把它们整合为一个听觉存在：旋律。这种整合是一个生理学过程；它是无意识的、自发的。人只有通过它的方式和效果才能意识到它的存在。

亥姆霍兹发现音乐感知的根本与数学有极大关系：和声的调和与否取决于音调频率的相互比例。人脑可以整合一两个音调的比例，但绝不是八九个。（这并不意味着不调和的和声就不能被整合；在特定的背景下它们也可以被整合。）

亥姆霍兹主要关注同一时刻被人耳捕捉的音调。但是他的阐述也预示着同样的法则也可以被应用于捕捉并整合一串音调，即旋律——而且某个乐曲的精神认识论含义就暗藏在它要求人耳和人脑所做的处理当中。

一个乐曲可能会要求人注意力高度集中以处理复杂的数学关系——它也可以用单调的乐句让人头脑麻木。它可能要求人进行整合——也可能将整合的过程直接调整为随机的系列——也可能用数学生理学无法整合的混沌声音彻底摧毁整合过程，使得乐曲变为噪音。

听者通过意志力、压力、厌烦或者失落，意识到这种过程的存在。他的反应是由他的精神认识论人生观决定的，即由他感觉舒适的认知机能层次决定的。

从精神认识论的角度，一个思维积极的人会觉得脑力活动是一个令人激动的挑战；那么从形而上学的角度，他便会寻求对万物的理解。他会喜爱那些需要复杂运算和顽强决心才能理解的音乐。（我指的不仅仅是和声和交响的复杂，更重要的是内核，也就是其他复杂所依赖的旋律的复杂。）他会厌烦于过于简单的整合过程，就好像一个高等数学的专家被要求解决幼儿园的算数问题一样。当不断听到随机的系列，而他的思维却难以参与其中的时候，他就会感到厌倦和憎恶。当听到混沌的声音，他会感到愤怒、反胃、难以苟同；他会认为如此的声音就是在试图瓦解思维的整合能力。

一个认知习惯不那么稳健的人，从精神认识论的角度，就对脑力活动兴趣有限，从形而上学的角度，就会纵容意识领域的许多不确定。他在听那些需要他下大力气理解的音乐时会感到压力，但是他会喜爱简单的音乐。他也会喜欢支离破碎的十分随机的音乐（假若他总是自命不凡）；他甚至会接受乱糟糟的音乐（假若他总是自惭形秽）。

除此以外一定还有很多种反应，属于不同的音乐类型，来自不同人的认知习惯。以上的例子只是在浅析假想人对音乐的反应而已。

音乐会给一个人意识的感受与其他艺术相同，同属他的人生观的有形化产物。但是有形化的抽象概念主要是精神认识论层面的，而非形而上学层面的；这个抽象概念就是人的意识，即他的认知机理。他在听音乐的过程中会感受到这一存在。一个人是否接受一首乐曲取决于音乐与他的思维运作方式共鸣还是冲突，相符还是相悖。这种感受在形而上学的层面上体现为他所理解的、他的思维运作所兼容的世界观。

音乐是允许承认感受纯粹官能数据的处理过程的唯一现象。单一的音调不是感知，而是纯粹的感官；它们只有被整合才会变成感知。感官是人与现实的第一层交互；当它们被整合为感知，它们就会成为给定的、不证自明的、毋庸置疑的。音乐给人提供了一种独一无二的机会，在成人之后，还能再现最基础的认知方式：将官能数据自发整合为可知的有意义的现实。在概念意识的层面，这是一种独特的休息和奖赏。

概念化整合需要不断地努力，所以是每个人长久的责任：过程中不可避免地会有出错和失败的可能。音乐整合的过程是自发的，不需要下多大力气。（人会感觉自己没有花什么力气，因为这个过程是无意识的；这是一个人努力习得或自然获得的思维习惯的兑现过程。）人对音乐的反应具有完全的确定性，就好像它很简单、不证自明、毋庸置疑的;它涉及人的情感,即人的价值观,以及人最深层次的自我观——人会感觉到感官和思维的神奇结合,好像思维获得了极大的意识确定性。

(这就可以解释那些神秘主义者为什么会叫嚣音乐的"圣灵"和超自然。神秘主义的永久毒瘤寄希望由此霸占人的身心结合,而非身心二分的产物:音乐是部分属于生理,部分属于心智的。)

关于音乐与人的思维状态之间的关系,亥姆霍兹在一段讨论黑键与白键的文章中如是说:"白键适合各种心智发展完全的人,适合以此来排解,以此来激发高尚、柔软的情感,有时,如果忧伤已经过去,只剩下一点点遗憾的话,白键还可以伴着一点淡淡的忧伤。但是白键不适合心智未发展完全的模糊、混乱的人,也不适合粗鲁、疲乏、神秘和那些侵犯艺术美的表达;——对于这些东西,我们就必然需要黑键朦胧的旋律、变化多端的音阶、可塑的形式以及不需太多思考就可以创作的内在性质。白键则不适合这些心境,所以黑键在艺术上应当被认为是一个单门的系统。"(《有关音调的感知》,第32页)

我的假说能够解释为什么对音乐评判不同的人却能够从某段音乐中获取同样的情感内涵。认知过程会影响人的情感,进而影响人的行为,而这种影响是相互的。例如,成功地解决一个问题会让人心情愉悦,喜气洋洋;未能解决一个问题则会让人心情悲痛，郁郁寡欢。反过来：愉悦的心情会让人思维尖锐、敏捷、充满能量；悲痛的心情会让人思维混沌、缓慢、难以集中。现在来看看那些我们认为开心或忧伤的音乐都有哪些旋律和节奏的特征。如果思维中某个音乐整合过程代表了产生和（或）伴随某一特定情感状态的认知过程，人就能够识别出来，显示在生理层面上，然后是在心智层面上。至于他是否会接受这样的情感状态，或者获得完全的感受，就取决于他的人生观如何判定其重要性了。

音乐的认识论方面是决定一个人音乐喜好的重要因素，但不是唯一因素。在一般的差不多复杂的音乐中，代表形而上学方面的情感元素控制着人对音乐的欣赏。这不仅仅关乎人是否能够成功感知，也就是将一系列声音整合为音乐存在，更关乎他到底感知哪一类存在。整合过程代表着人的意识的有形化抽象，音乐的本质代表着存在的有形化抽象，即一个会让人感觉或快乐，或悲伤，或得意，或失意的世界。根据一个人的人生观，他会觉得："对，这就是我的世界，这就是我的感觉！"或者觉得："不，这不是我看到的世界。"（在认识论的层面上发生的则是对美学价值的欣赏，无论他喜不喜欢这段乐曲。）

证明这一假说所需要的科学研究浩如烟海。阐明几个概念就可能需要：计算旋律中音调之间的数学关系——计算人耳和人脑用来整合一系列声音所需要的时间，包括整合过程的步骤、用时和时限（这也可能涉及音调和节奏的关系）——分析音调和小节的关系，小节和乐句的关系，乐句和乐曲的关系——分析旋律与和声的关系，以及旋律和和声的整体与各乐器的关系，等等。这方面的工作现在停滞不前，但这就是人脑——作曲家、演奏家和听者——在做的，虽然是在无意识中。

如果上述的计算和分析最终能够完成，并且可以缩减为较少的等式或原理，那么我们就可以获得音乐的客观词汇。这种词汇是数学的，基于声音的原理，基于人的听觉能力（即能力所限制的范围）。从这种词汇中可以获知如下的美学标准：整合——某一乐曲可达到的整合范围（或复杂度），因为它是音乐的基本要素，使得音乐与噪音区别开来；范围——因为它是任何心智成就的衡量测度。

只要我的理论不被科学证实或证伪，它都只是作为一个假说。

但是和音乐的本质相关的很多证据已经明示在我们的眼前，它们主要是心理学层次的（十分偏向于证实我的假说），而不是生理学层次的。

音乐与人的认知能力的关联在如下事实中可见一斑。某些音乐会让人产生无法自拔的催眠效果，它们让人心神恍惚、麻木不仁、意志丧失、自我意识减弱。许多原始的音乐和东方的音乐都属于这一类。欣赏这类音乐与西方人通常所说的欣赏状态是不同的：对于西方人而言，音乐是非常个人的感受，是对认知能力的证实——对于原始的人来说，音乐的作用主要是对自我和意识的溶解。不过无论是何种情况，音乐都是激发一个人的哲理认为适当和有益的精神认识论状态的方式。

原始音乐的单调和死寂——几个音符的不断重复，节奏敲击着人的大脑就好像古时用水滴击打颅骨的刑罚——使得认知麻木、意识模糊、思维涣散。这样的音乐会导致官能匮乏的状态——现代的科学家正在努力研究这一方面——主要的原因是感官刺激的缺乏或单一。

没有证据显示不同文化音乐的差别源自各民族内在生理的差异。但是许多证据却表明音乐的差异主要来源于精神认识论的方面（终究归结于哲学）。

精神认识论的运作方式会在人的童年发展并定格；它取决于孩子成长的文化中最具影响力的哲理观念。如果，直接地或间接地（通过大致的情感态度），孩子逐渐认为对知识的求索，即他认知能力的独立工作是重要的、是他的本性所追求的，他就很有可能发展形成一个积极的、独立的思维。如果他习得的是被动、盲目服从、质疑和求知的恐惧与无用，他很可能会成长为一个思维孱弱的蛮人，无论他生活在丛林还是纽约。但是——由于人的思维不可能被全盘抹杀，只要其处理器依旧存活——脑中未被满足的需求就会导致一系列不懈、不一致、不可知的摸索，让人感到恐惧。原始音乐就成了人的麻醉剂：它阻止了黑暗中的摸索，消除人的疑虑，让人在短暂的现实感中继续行尸走肉的生活，使人觉得麻木和停滞是理所应当的。

我们来看看文艺复兴时期创造的西方音乐艺术。它是在一段时间中由一系列音乐改革者发展起来的。是什么激励他们来做这件事呢？西方音乐的音阶使得最多的和声——悦耳的声音组合（人耳可整合的声音组合）——成为可能。人——现实——科学为导向的文艺复兴和后文艺复兴时期是人类历史上第一个以对人的愉悦体会的关注来激励作曲家的时代，作曲家于是获得了创作的自由。

如今，西方文明在日本打破了因循守旧的文化，年轻的日本作曲家也创作出了出色的西方音乐。

美国反理性、反认知的"进步"教育的产物——嬉皮士文化，就是在复辟丛林的音乐和鼓点。

整合不仅仅是打开音乐之门的钥匙；它也是打开意识之门、概念能力之门、人生之门的钥匙。整合的缺乏在任何一个正常的个体、任何一个世纪、任何一个地点，都会导致同样的结果。

关于所谓现代音乐的一点点评论：无须任何进一步的研究和科学发现，我们就可以以最完全、最客观的确定性断定它不是音乐。证据就在于音乐是周期性震动——因此，非周期性震动的参与（例如车水马龙的嘈杂音响、机器齿轮的摩擦或者咳嗽和喷嚏）使得这样的作品自然地被排除在艺术范畴之外，亦不属于我们讨论的范畴。但是我依然要提一句关于现代音乐"改革"的音乐罪犯所使用的词汇的忠告：他们总是大谈"调节"你的耳朵以欣赏他们"音乐"的必要性。他们对调节的定义简直是不受现实和自然法则的限制；在他们的眼中，人耳可以随意调节。然而事实上人确实可以在各种音乐中被调节（调节的也不是人耳，而是思维）；但是人不能被调节到以噪音为音乐的地步。起到调节作用的既不是个人的训练也不是社会的潮流，而是人耳和人脑的生理学本质以及特征。

现在我们可以讨论一下表演艺术（演戏、演奏乐器、歌唱、舞蹈）。

这些艺术所使用的媒介是艺术家自身。他的人物不是重塑现实，而是实现基础艺术所重塑的内容。

这并不意味着表演艺术的美学价值和重要性要逊于基础艺术，这只是说它们依赖于基础艺术，是基础艺术的延伸。这也不意味着表演艺术家只是做"翻译"的工作：表演艺术的更高层次是表演艺术家会在作品中加入原来的作品中没有的创意元素；创作的合作者也成为作品的一部分——如果他明白他是完成这部作品的方式的话。

其他艺术中应用的基本原理也会应用于表演艺术，尤其是程式化，即选择性：要素的选择和强调，以及表演的步骤结构会引导作品达到一个终极的内涵总和。为了创造并应用表演需要的技术，表演艺术家自身的形而上学价值观就会发挥作用。例如，演员对人类伟大或谦卑、勇敢或怯懦的看法是会决定他在舞台上表现怎样的品质。一个成功的舞台作品会给表演它的演员留下足够的发挥空间。甚至可以说，他需要用身体诠释作家创作的灵魂；把这样的灵魂变成完全肉体的存在需要特殊的创造力。

当表演和作品（无论是文学作品还是音乐作品）在含义、风格和意图上完美贴合，观众就会感受难忘的宏大美学享受。

表演艺术的精神认识论作用——它与人的认知能力的关系——在于将基础艺术作品中表现的形而上学抽象概念完全地有形化。表演艺术的最大特点就是其直接性——它将艺术作品翻译成现实的行为，一个可以被意识直接感知的事件。这也同时是表演艺术的问题所在。整合是艺术区别于其他事物的特征——除非表演和原来的作品完全地整合在一起，否则所导致的结果都是艺术所具有的认知功能的反面：它会让观众感受到精神认识论的瓦解。

一场演出的某些元素之间很有可能是失衡的，但是它们依然被归纳到艺术的范畴。例如，一个优秀的演员总是可以给一个平凡的剧目带来一些高度和意义——或者一个伟大的剧目尽管被演员不佳的演技抹上污点却依然独具魅力。这样的演出会让观众感到失落，但是他们还是会承认某一元素的美学价值。但是当这一失衡演变为不可化解的矛盾的时候，演出就顿时支离破碎,坍塌于艺术的界限之外。例如,一位演员可以不改一句台词就让整个剧目乾坤挪移,因为它只需要把一个反派演成正面人物,或者反之(也许是因为他不喜作者的看法,或者他的诠释另类,或者他就是演技拙劣)——然后他尽可以表现出一个与他说出的每一句台词都不相符合的形象;结果造成一种自相矛盾的混乱,台词和演出越精妙,混乱则越突出。在这样的情况下,演出就会变得毫无意义,甚至比毫无意义还要更糟:变成赤裸裸的恶搞,变成插科打诨。

这样本末倒置的演出方式在把演出当作明星的"试金石"的想法中体现得最为明显。那种千军万马过独木桥的竞争就是好莱坞的真实写照。其后果就是最出色的演员演着最垃圾的剧本——为了迎合一些皮笑肉不笑的三流艺人,伟大的剧目被改编——钢琴家篡改曲目以炫耀技艺,等等。

总之就是舍本逐末。"怎么演"永远不可能替代"演什么"——无论是在基础艺术还是表演艺术中,无论是在不知所云的辞藻堆砌中还是在葛丽泰·嘉宝[1]对货车司机眼中的激情戏的叙述中。

在表演艺术中,舞蹈需要特殊讨论。舞蹈有抽象含义吗?舞蹈在表达什么呢?

---

1 20世纪瑞典女演员,1955年获得美国"电影艺术与科学学院奖"(又称奥斯卡奖)终身成就奖。——译者注

舞蹈是音乐无声的伙伴，它们有着明确的分工：音乐将人行为中的意识活动程式化，舞蹈将人行为中的身体活动程式化。"程式化"指的就是将某种事物压缩到基本特征的程度，至于如何压缩则取决于艺术家自身对人的看法。

音乐以认知过程为情境表现情感抽象；舞蹈以肢体运动为情境表现情感抽象。舞蹈的作用不是表现单一的情感瞬间，不是无声的快乐或痛苦或恐惧，等等，而是一个更深层次的概念：形而上学的价值判断，某种基本情感状态连续影响下人的动作的程式化产物——同时也是用人的身体表达人生观。

每一种强烈的情感都对应了一种运动元素，比如一种想要跳起、躬身、跺脚的冲动。人生观既是情感的一部分，也是动作的一部分，人生观也决定着人如何使用自己的身体：他的姿态、手势、走路的方式，等等。我们在一个总是挺直了身子走路、步子很快、手势果决的人和一个总是低头走路、步子迟缓、手势绵软的人之间会发现许多人生观上的不同。这一元素——动作的大体形态——组成了舞蹈的材料，构建了舞蹈的王国。舞蹈将其程式化为一个动作系统以表现对人的形而上学看法。

动作系统是舞蹈作为艺术的基本要素和先决条件。在随机的动作中放纵自我，比如孩子们在草坪上追跑打闹，也许是一种不错的游戏，但不是艺术。很少有人能够创造程式一致、形而上学明显的动作系统，所以很多种类的舞蹈都不能被称之为艺术。很多舞蹈表演都是来自各种系统元素的大杂烩，毫无章法的肢体扭动被无缘无故堆砌在一起，象征含义全无。一个男人和一个女人在舞台上蹦跳打滚不比孩子们在草坪上嬉戏具有更多的艺术性，只是更加做作一些罢了。

我们举两个舞蹈系统可纳入艺术的舞蹈的代表，芭蕾舞和印度舞。

芭蕾舞中最重要的程式化是失重。但是同时芭蕾舞几乎没有给人加以什么含义：它没有改造人的身体，只表现现实中人可以做得出来的动作（比如踮脚尖走路），并将其夸张以突出其美感——藐视地心引力。优雅而轻巧的拂动、浮游、飞翔是芭蕾舞中人形的基本要素。它表现的是一种脆弱的力量，一种完全的精准，但是只有骨架没有肉身的灵魂人，不是在控制世界，而是在超越世界。

与之相对的是印度舞，它表现只有肉身没有骨架的人。它最重要的程式化是：柔性、起伏、蠕动。它改造人的身体，让它做出类似于爬行动物的动作；这里面包括人几乎无法做到的易位，如颈部和头部的左右错动，好像暂时的斩首。人形是无限柔软的，人尽可能向深邃的宇宙贴合，向其恳求力量，一切转瞬即逝，连自我都转瞬即逝。

在上述的两个系统中，某些感情只有在基本程式允许的情况下才会被表现或者暗示出来。过分的热情或者负面的情感在芭蕾舞中无法表现，在其脚本中亦无体现；它不能表达悲情或恐惧，也不能表达情欲；它是表达精神恋爱的最佳媒介。印度舞可以表现热情，但是不能表现正面的情感；它不能表达快乐和凯旋，但在表达恐惧和厄运以及在肉体的情欲上，十分在行。

我还想提一种没有被发展为一个完整系统，却具有发展为完整、独立系统所需的必要元素的舞蹈门类：踢踏舞。它源自美国的黑奴，完全取材于美国，与欧洲毫无关系[1]。这一门类中的典范人物是比尔·罗宾逊[2]和弗雷德·阿斯泰尔[3]（他在踢踏中引入了一些芭蕾舞元素）。

踢踏舞是与音乐完全融为一体的，它与音乐完美互动，并服从于音乐，这一切都是通过一个音乐和人体的相通元素——节奏——去表现。这一舞蹈形式不允许舞者有任何停歇和静止：他的脚只可以在节奏的重音上接触地面。从始至终，无论他的身体如何运动，他的脚都会不停地重复疾速的踢踏，就好像是一系列强调他的运动的击打；他可以跃起、旋转、下跪，但是不会错过任何一个鼓点。很多时候看起来好像他在和音乐竞赛，好像音乐在向他挑衅——他却不费吹灰之力地用轻巧的、随意

---

[1] 安·兰德此处的"踢踏舞"指通常意义上的美式踢踏，而非爱尔兰踢踏。一说美式踢踏也依然是结合了爱尔兰踢踏和黑奴带入美国的非洲音乐的元素。——译者注
[2] 与安·兰德同时代风靡美国的踢踏舞演员。——译者注
[3] 20世纪极富影响力的舞蹈家。——译者注

的步子跟住了音乐的节奏。这是对音乐的完全服从吗？这给人的感觉反而是：完全的控制——思维对其运行完美的身体的完全的控制。这当中最重要的程式化就是：准确性。它表达的是一种目标、规则、清晰——数学的清晰——与无限自由的运动和永不止息的创造力的结合，随时可能擦出惊人的火花，却从不逾越中心的基线：音乐的节奏。不过踢踏舞的情感范围不是无限的：它不能表现悲情、痛苦、恐惧或罪恶；它所能表达的是快乐，以及所有与生活的快感相关的情感。（但这是我最喜欢的舞蹈。）

音乐是独立的基础艺术；舞蹈不是。从它们的分工来看，舞蹈完全依赖于音乐而存在。有了音乐的情感支持，它就能够表达抽象含义；没有音乐的情感支持，它就是无意义的体操而已。是音乐，也就是人意识的声音，把舞蹈和人以及艺术结合了起来。音乐是规矩，舞蹈是循规蹈矩；它用最接近、最服从、最具有感染力的方式跟随着音乐的步伐。舞蹈与音乐的整合越紧密——在节奏、情绪、风格、主题等方面，它的美学价值就越高。

舞蹈和音乐的冲突比演员和剧目的冲突还要更加糟糕，这种冲突使整个演出都会顿时黯然失色。它使得音乐和舞蹈都无法被整合到观众思维的美学存在中——然后演出就成了动作的杂烩与声音的杂烩的重叠。

然而现代的反传统艺术的风潮在舞蹈的领域恰恰就是这样做的。（我这里指的不是所谓现代舞，因为它既不现代也不是舞。）以芭蕾为例，它被"现代化"后就被配以不伦不类的音乐，于是音乐就只是伴奏，还不如默片早期以叮叮当当的琴声为背景那样和动作贴合。加之大量哑剧因素的涌入，这些不属于艺术而属于幼稚的游戏（它不是表演，而是仅仅在打手势）的因素就让舞蹈变成比政治还要恶心的自欺欺人的妥协产物。我在这里想以皇家芭蕾舞团的剧目《玛格丽特和阿尔芒》[1]作为最好的证明。（与它相比，所谓现代舞的拿脚后跟走路的失态动作都显得十分无辜了：连它们的始作俑者也没有有意地背叛或玷污啊。）

舞蹈家是表演艺术家，他们表演音乐的原作，不过要通过一位重要的中间人：舞蹈编剧。他的创造性工作与舞台导演类似，但是他身负重担：舞台导演负责把剧作翻译成肢体动作——舞蹈编剧则负责把声音翻译为另一种媒介，也就是动作，并创造一个结构清晰的整合作品：舞蹈。

这项任务十分困难，具有如此高美学素养的从业者凤毛麟角，于是舞蹈的发展一直都是迟缓的，而且是极为脆弱的。而今天，本来还称得上凤毛麟角的天才彻底地灭绝了。

音乐和（或）文学是表演艺术的基石，也是各类艺术的交

---

[1] 19世纪英国作曲家威尔第的歌剧，改编自小仲马小说《茶花女》。——译者注

融,比如歌剧和电影的基石。它们之所以是基石,是因为这些基础艺术为表演成为关于人的抽象观点的有形化产物提供了形而上学元素。

失去了这一基石,演出可能依然饶有风趣,例如杂耍歌舞或者马戏团,但是这已经出离了艺术的范畴。例如高空杂技演员的走钢丝表演就需要相当高超的技术——也许比芭蕾舞舞蹈家所需要的技术还要更难、更具挑战,但是这个技能带来的只是对技能的展示,而没有任何进一步的含义,也就是它本身是一个存在,而没有使得任何其余的存在有形化。

在歌剧和轻歌剧中,美学的基石是音乐,所谓情节只是作为全剧的线条,给乐谱一个合适的情感环境和表现机会。(这样来看,好的剧本实在是百里挑一。)在电影和电视艺术中,文学是唯一的准线和标杆,音乐只是可有可无的背景伴奏。在荧屏和电视屏幕上的剧目都是戏剧的分支,而在戏剧艺术中"剧情即本位"[1],剧情使得戏剧成为一种艺术;剧情本身即目的,其余的一切都是其方式而已。

在所有需要不止一位演员的艺术中,一位重要的艺术家就

---

[1] 出自莎士比亚剧作《哈姆雷特》第二场中哈姆雷特的台词,"The play's the thing wherein I'll catch the conscience of the king",即"凭借此剧,我将套出国王内心的隐秘"。此处作者引用了台词,但这并非《哈姆雷特》中台词的含义。——译者注

是导演。(在音乐中则是指挥。)导演是表演艺术和基础艺术的纽带。就基础艺术而言,他是一个表演者,因为他是实现作品所设定的目标的手段;就演员阵容、场景设计、摄影剪辑等而言,他是一个基础艺术家,因为它们是实现他的目标的手段,即把作品翻译为有意义的程式化整合所需要的方式。在戏剧艺术中,导演是美学整合者。

导演需要对所有艺术的第一手理解,还要具备超常的抽象能力和创造性的想象力。伟大的导演是吉光片羽而已。导演中的平庸之辈要么袖手旁观要么越俎代庖。他完全傍人门户,任凭演员用毫无章法的动作充填演出,什么也没有表达,只剩下一堆自相矛盾的情感——或者他大招大揽,让所有人都听从他的指令表演与剧情无关或冲突的伎俩(如果它们可以被称为伎俩的话),他错误地认为整个剧目就是为了表现他的能力,把自己当成了马戏团的演员,当然,他还没有马戏团演员的技巧和幽默。

我愿以弗里茨·朗[1]的作品,尤其是他的早期作品,作为电影的范例;他的默片《西格弗里德》[2]是所有电影中史无前例

---

1 20世纪著名的编剧和导演。他在20世纪20年代创作了一系列优秀的罪案默片。——译者注
2 改编自长诗《尼伯龙根之歌:西格弗里德之死》,一上映就赢得了欧洲观众的赞赏。——译者注

的伟大作品。尽管其他导演也会时不常灵光一现，朗是他们中唯一一个充分理解电影内在的视觉艺术绝不仅仅是一系列场景和视角的——"电影"事实上就是，也必须是风格化的动态视觉创作。

有人说如果暂停正在放映的《西格弗里德》，然后从胶片中拿出一帧，这一帧依然会完美得像一幅画一样。这样的效果是因为每一个动作、手势和移位都被精心设计，每一帧都是程式化的，即完全遵循故事、事件和场景的本质和精神。整部片子都是在室内拍摄的，包括壮观的森林都是人造的枝叶（在荧幕上却很难察觉）。在费里茨·朗制作《西格弗里德》期间，有记者报道说他办公室的墙上挂着这样一句话："这部电影中没有任何东西出于偶然。"这就是伟大艺术的箴言。在任何艺术领域中能够做到这一条的艺术家都屈指可数，但是弗里茨·朗做到了。

《西格弗里德》也有一些缺点，尤其是悲剧情节，一个有关"崩坏的世界"[1]的故事——但这完全是形而上学的问题，而不是美学的问题。从导演的创造性上来看，这部电影是区分艺术作品和纪实作品的视觉程式化的典范。

---

[1] "崩坏的世界"和"本善的世界"是安·兰德所创客观主义哲学中的两个对立概念。"本善的世界"里，事物发展的趋势是上升的，也许有时会有灾难降临，但堕落不是世界的常态。因此这里的"本善"与"人性本善"在本质上无关。安·兰德的客观主义哲学倾向于以"本善的世界"为模型看待世界。——译者注

电影有成为伟大艺术的潜力，但是这一潜力一直没有被激发出来，除了在一些独立的情况下和随机的时刻可见一斑。一种需要如此多美学元素和如此多不同天赋的艺术不可能在当今社会这样的哲学和文化都瓦解、浮躁的情况下发展。它的发展需要很多人一并合作，一并创新，他们可以哲学观点不同，但是它们对人的基本观点需要相同，即人生观相同。

无论表演艺术形式多么多样、潜力多么巨大，我们都要切记它是基础艺术的成果和延伸——是基础艺术赋予了它抽象含义，而正是抽象含义使人类的产品和活动可以被称为艺术。

在我们的讨论开始的时候有这样一个问题：哪些形式可以被称为艺术——为什么是这些形式呢？现在这个问题已经有了解答：被称为艺术的形式表现了人类的认知能力，包括感知实体的官能，所需要的现实的选择性重塑，以协助概念意识的诸多元素之间的整合。文学关注概念；视觉艺术关注视觉和触觉；音乐关注听觉。任何一种艺术都将人的概念投影到意识的感知层面，使得人可以直接理解那些概念，就好像是他们是感知对象一样。（表演艺术是进一步有形化的方式。）艺术的不同分支帮助人们统一意识，并获得一个一致的存在观。至于这一存在观正确与否则不在美学的范畴。与美学最相关的是这个精神认识论概念：概念意识的整合。

这就解释了为什么所有的艺术形式都在史前时代就初见雏

形，人们也再不能发展出艺术的新形式。艺术的形式不依托于意识的内容，而依托于意识的本质；不依托于知识的范围，而依托于获取知识的方式。（如果要获得一种新的艺术，人可能需要一种新的感知器官。）

知识的增长为艺术的成熟和发展提供了无限可能。科学发现导致艺术的各个分支中增添了新的类别。但是这些都是亘古不变的艺术形式的一些变化和附庸（或是组合）而已。这些变化需要新的规则、新的方法、新的技巧，但是基本原则是恒一的。例如，为舞台剧、电影和电视剧创作剧本的确需要不同的技巧；但是这些媒介都是戏剧的分支（而戏剧又是文学的分支），所以它们具有共通的基本原则。此原则越被宽泛地理解，更多的变化就会被许可、被包容进来；但是原则本身从来都没有变。背叛基本原则不会产生"新的艺术形式"，而仅仅是亵渎艺术。

例如，从古典主义到浪漫主义的变革是表演艺术的一个众所周知的美学革新；从浪漫主义到自然主义的变革也是如此，尽管这一运动遵循的形而上学观念漏洞百出。然而在舞台演出中加入旁白则不是一种革新，而是离经叛道，因为舞台演出的基本原则规定故事需要被表现，即在动作中体现；这样的背叛不是"艺术的新形式"，而仅仅是由于对一种困难的艺术形式的疏于掌握，在这一形式中钉进一个最终将导致艺术彻底毁灭的毒刺。

人们经常混淆科学发现和艺术的关系，于是就产生了这样的常见问题：摄影是艺术吗？答案是：不是。它需要技术，而不需要创造力。一切艺术都需要选择性重塑。相机无法做到绘画中最基础的功用：视觉概念化，即用抽象要素创造存在。各类相机的视角、光线、镜头都是复制所拍事物的，即已存在的实体的各种方面。很多摄影作品中有很可观的艺术元素，它们是摄影师受限的选择性创造的成果，甚至有些摄影作品十分美丽——但是同样的艺术元素（有目的的选择性）在很多实用产品中也不少见：精心制作的家具、服装设计、汽车、礼品包装，等等。许多广告（或者海报和邮票）都是由真正的艺术家一手打造，也比很多的绘画还具有美学价值，但是实用产品不是艺术。

（如果有人问我：为什么电影导演就是艺术家呢？我的答案是：给予电影可以被有形化的抽象含义的是故事；没有了故事，导演就是一个自以为是的摄影师而已。）

在装饰艺术的领域也有类似的混淆。装饰艺术的任务是装饰实用产品，比如地毯、织物、照明器材，等等。它的工作很有意义，而且有许多天才的艺术家参与其中，但是从美学的角度来说，它不是艺术。装饰艺术的精神认识论基础不是概念性的，而是纯粹官能的：其价值标准是取悦人的视觉和（或）触觉。它使用的材料是非写实的颜色和形状的组合，除了视觉的协调之外再无任何深意；装饰艺术的意义和目的是基于存在、基于所装饰之物的。

作为现实的重塑，艺术品必须写实；其程式化的自由被限于人可理解的范围之内；如果它不代表任何一种可以知晓的存在，那么它就不再是艺术了。然而在装饰艺术中，任何一个写实的元素都对其整体有百害而无一利：它会成为一种纷扰，以致南辕北辙。而且尽管人形、山水和花鸟经常被用于装饰织物和壁纸，它们在艺术性上依然比非写实的设计差出许多。当可被辨识的物品被迫从属于色彩和形状的图案，且被视为这样的图案，它们就会与装饰艺术的整体格格不入。

（色彩的协调是一个合理的元素，但是它只是绘画艺术诸多重要元素的其中一种。但在绘画中，色彩和形状都不仅仅是图案而已。）

视觉协调是官能的体验，主要取决于生理。对音乐和对色彩的感知存在重大区别：对音乐的整合会产生一种新的官能概念认知体验，即对旋律的意识；对色彩的整合则不会产生这一效果，它除了表达对愉悦及其反面的意识之外就没有其他。从认知上来说，把色彩作为色彩来感觉是没有意义的，因为色彩具有一个无法超越的重要功能：对色彩的感觉是视觉的核心元素，它是感知实体的基本方式。如此的色彩（以及其生理机理）都不是实体，而是实体的特征，无法单一存在。

很多自负地试图用"色彩奏鸣曲"的方法，也就是在屏幕上投下飘忽的光斑，创造"新的艺术"的人都置这一事实于不顾。那些投影在屏幕上的光斑在观众的意识中什么也不会激发，只会带来意识空闲的百无聊赖。它也许可以在嘉年华或者夜店或者新年聚会的时候发挥装饰作用，但是这依然与艺术无关。

那些人的尝试可以被归纳为反艺术，因为：艺术的核心是整合，甚至是动用人最广泛的抽象概念和形而上学的超整合，如此艺术才能增强人的意识。"色彩奏鸣曲"的点子是一个反向的趋势：它试图瓦解人的意识，通过把感知破碎为官能使其意识萎缩至之前感知的层次。

下面我们来讨论现代艺术。

如果一伙暴徒——无论他们有着怎样的口号、出于怎样的动机、朝着怎样的目标——在大街上明火执仗，肆意地剜掉手无寸铁的平民的眼睛，那么人们一定会群起而攻之，毫不犹豫地向他们发出正义的抗议。但是当同样的一伙歹徒在文化中游荡，企图扼杀人的思维，人们却选择了沉默。人们需要哲学提供理论的支持，而现代哲学却恰恰就是暴行的始作俑者和左膀右臂。

人的思维比最好的计算机都要复杂，也比最好的计算机脆弱得多。如果你看到过一张砸烧计算机的新闻图片的话，你就看到了我们正在经历的心理过程在现实中的有形化，它在画廊的玻璃板中，在时髦的餐厅和财富数以亿计的大公司的墙上，在大众杂志花哨的纸页上，在电影和电视屏幕的技术光环中。

肉体分解是人类肉体死亡的后续；思维瓦解是人类思维死亡的序曲。思维瓦解是现代艺术的核心和目标——瓦解人的概念能力，让成人的思维倒退到嗷嗷待哺的婴儿的水平。

把语言变成咕哝，把文学变成情绪，把绘画变成涂鸦，把雕塑变成切割，把音乐变成聒噪，这一切都是为了让人的意识倒退到官能的水平，失去整合感官的能力。

但是这一相当耸人听闻的趋势也给我们以哲学和精神病理学的启迪。它通过剔除某个因素的反证法，揭示出艺术与哲学的关系，理性与人的生存的关系，对理性的恨和对生存的恨的关系。在哲学家数个世纪的反理性战争之后，他们成功地——通过活体解剖的办法——给我们提供了人失去了理性能力的现实范例，同时也向我们展示了脑壳空洞的生存状态会是如何。

尽管所谓理性推崇者反对"系统建立"[1]，而且在基于存在的言论和神秘飘忽的抽象概念中迷失自我、争论不休，他们的敌

---

1 这一概念通常指用许多哲学命题构建起一个完整的哲学理论架构，许多哲学家都希望建立自己的哲学系统，但另一些哲学家不仅不愿建立自己的系统，更反对"系统建立"这一方式，认为它在根本上是行不通的。同时哲学界对于将"系统建立"规范在什么限度之内依然有诸多争议。——译者注

人似乎深知整合是理性的精神认识论关键，艺术是人的精神认识论调节器，以及如果要破坏理性就要破坏人的整合能力。

我很怀疑现代艺术的从业者和它的信徒是否有足够的智慧来理解其哲学含义；他们只需要沉浸在潜意识的深渊中不能自拔。但是他们的领导者却有意识地深知这一事实：现代艺术之父是伊曼努尔·康德[1]（参见他的《判断力批判》[2]一书。）

我不知道哪种是更糟的：把现代艺术当作一个彻头彻尾的骗局来创作，还是以全心全意的诚意创作它。

那些不希望成为这一骗局被动、沉默的受害者的人可以从现代艺术中学到哲学的现实意义，以及哲学谬误导致的后果。更具体地说，是逻辑的丧失使得受害者毫无还手之力；再具体地说，是定义的丧失。定义是理性的排头兵，它们是对抗思维瓦解的第一道防线。

艺术作品——就像世界上的一切东西一样——都是具有某种确定本质的存在：这个概念需要一个涵盖其基本特征的定义，以将它和其他存在的实体分别开来。艺术作品对应的生物学中"属"的定义是：通过某种物质媒介，根据艺术家的形而上学价值判断表现现实的选择性重塑的人造物品。"种"则是不同分支的艺术作品，区别是它们所使用的以及用来与人的认知能力的

---

[1] 西方哲学划时代的人物，德国古典哲学的创始人。——译者注
[2] 康德"三大批判"之一，与《纯粹理性批判》《实践理性批判》并称。

诸多元素相关联的不同的媒介。

人对确切定义的渴求被概括为同一律[1]：A就是A，一件事物必为其本身。艺术作品也是有特定本质的特定存在。如果它不是这样，它就不是艺术作品。如果它只是一个实物，那么它就与其他实物属于同一类——如果它不属于任何一类，它就属于给这一类东西保留的类别：垃圾。

"艺术家制造的东西"，不是艺术的定义。胡子拉碴和目光呆滞也不是定义艺术家的特征。

"在画框里挂在墙上的东西"，不是绘画的定义。

"很多纸装订在一起"，不是文学的定义。

"一大坨"，不是雕塑的定义。

"任何东西发出的声音"，不是音乐的定义。

"粘在平板上的东西"，不是任何艺术的定义。没有任何艺术是以胶水作为媒介的。把玻璃粘在纸上以表现玻璃也许是给智障儿童准备的作业疗法——尽管我对此深表怀疑——但是它不是艺术。

"因为我觉得是这样的"，不是任何证明的定义。

人的任何活动中都不能容忍心血来潮——如果这样的活动确实被归纳为人的活动的话。艺术产品也不能容忍的还有晦涩

---

[1] 同一律的雏形最早出现于柏拉图的语录，是逻辑学三个思维规律的其中一个，属于哲学的公理。——译者注

难懂、不知所云、无法定义和背离客观。精神病院院墙以外的世界，人的行为是受意识的指引的；如果它不受意识指引，那么精神病医生的办公室就是这些行为的归宿。所以当现代艺术的从业者号称他们不知道自己在做什么，以及自己为什么这样做的时候，我们大可以相信他们，然后将他们抛在脑后。

1971年4—6月

五 文学的基本原理

文学的美学原理中最重要的一条是亚里士多德提出的,他说诗比历史更重要,因为"历史叙述已发生的事,而诗[1]描述可能发生的事和应当发生的事"。

这一点适用于文学的各个分支,尤其是一个在亚里士多德之后2300年才出现的分支:小说。

小说是长篇的虚构故事,讲述人和人生活中的事件。小说的四大属性是:主题——剧情——刻画——风格。

它们是属性,而不是分开的部分。它们可以分开研究,但是切记,它们是相互关联的,而小说就是它们的总和。(如果小说写得炉火纯青,那么这一总和就是不可拆分的。)

这四个属性适用于一切文学形式,即一切非纪实类的文学

---

[1] 亚里士多德的年代的非纪实类文学作品主要是诗,故如此译。作者以此代指与历史相对的非纪实类文学作品的总和。——译者注

作品，包括小说、戏剧、脚本、剧本、短篇故事，等等。唯一的例外是诗歌。诗歌不一定要讲述故事；它的基本属性是主题和风格。

小说是最主要的文学形式——这缘于它的无边视野、无尽潜能和无限自由（包括摆脱了舞台表演所受限于的肢体限度），最重要的是源于它纯文字的艺术形式，使得它不需要表演艺术作为中间人就可以实现其终极效果。

下面我将一一讨论小说的四个属性，但是我希望首先提醒读者，同样的原则只需稍加调整就可以用于其他文学形式。

1.主题。主题是小说抽象含义的总和。例如《阿特拉斯耸耸肩》[1]的主题为："思维在人的存在中的角色。"雨果《悲惨世界》的主题则是："社会对于下等人的不公。"《飘》[2]的主题则是："南北战争对美国南部社会的影响。"

主题可以是极端哲学的，也可以狭义一些。它可以表达一个道德及哲学的观点，也可以表达纯粹历史的视角，也就是描写某个特定的社会或某个特定的年代。只要一个主题在小说的形式中可以表达，其选择就没有任何规定和局限。但是如果一部小说没有可识别的主题——如果它的情节累加起来丝毫没有意义——那么它就是拙劣的作品；它的缺陷在于整合的缺乏。

---

1 安·兰德出版于1957年的巨著。——译者注
2 美国女作家玛格丽特·米歇尔的长篇小说，发表于1936年。

路易斯·沙利文[1]的著名建筑学原理如是说："形式服务功能。"可以被理解为："形式服务目的。"小说的主题就是它的目的。主题作为小说的整合者，确立了作者进行选择的标准，帮助他在无数的选择中做出判断。

由于小说是现实的重塑，它的主题就需要被戏剧化，即以行为表现出来。生命就是行为的过程。意识的整个内容——思考、知识、想法、价值观——都只有一个终极表达方式：行为；也只有一个终极目的：指导行为。由于小说的主题是与人的存在直接或间接相关的，它就需要通过它对行为的影响或在行为上的表现被表达出来。

下面我们来讨论小说最重要的属性——情节。

2. 情节。用行为表现故事的意思就是用事件表现故事。一个什么都没有发生的故事自然不是一个故事。一个事件走势平白无故、事出无因的故事要么是一种拙劣的堆砌，要么也最多是流水账、回忆录、纪实的记录，但是不是小说。

无论是真实的还是杜撰的记录都或许会有一些价值；但是这些价值都是参考性的——历史的、社会学的或者心理学的——而不是美学的和文学的；它们只有一部分是文学的。由于艺术是选择性重塑，又由于事件是小说的构件，不能对事件

---

[1] 美国建筑师，摩天大楼理念的创立者，被誉为"现代主义建筑之父"。——译者注

进行正确选择的作家就是背叛了他的艺术中最重要的方面。

进行选择和整合故事中各个事件的方式就是情节。

情节是逻辑相关的事件向着高潮时刻矛盾解决的有目的前进。

在这个定义中提到"有目的"针对两个方面：它针对作者，也针对小说中的人物。它要求作者设计事件的逻辑架构，一个主要事件相连的链条，每一个事件都取决于并来源于之前的事件——一个一切都与其有关、因果明确的线条，这样的话事件的逻辑就会毋庸置疑地引向最终矛盾的解决。

如果小说的主要人物不再追求某种目的——如果他们的行为不是受某个目标的指引——上述的线条就无法建立起来。在现实生活中，只有"目的因"[1]——选择目标并按部就班达成目标的过程——可以维系逻辑的连续性、一致性和行为的意义。只有努力达到某一目的的人才可能串联起一系列有意义的事件。

与今天广为流传的文学理论相反，小说的情节架构恰恰是现实主义的需求。人的一切行为，无论是有意识的还是无意识的，都是有目的的；人的本性就是有目的的：目的的缺乏属于神经疾病。因此，如果文学要按照人本身的模样来表现人——就像他在现实中本性的形而上学状态一样——那么就必须以有

---

[1] 目的因是亚里士多德提出的"四因"中的一个，即指目的是事物如此的一个原因，例如成熟的植物是种子的目的因。——译者注

目的的行为来表现他。

自然主义者不会认为，因为在"现实生活"中事件不会完全按照逻辑发生，情节就是完全杜撰的。在这一点上的判断取决于观点，我指的是"观点"在字面上的含义[1]。让一个近视眼站得离房子的外墙只有半米左右，然后让他盯着房子看，他当然会认为城区地图上的那些街道是凭空捏造的。但是一位在城市上空六百多米的飞行员则不会这样说。生活中的事件是按照人的假设和价值观发生的——如果你可以穿越某个瞬间，穿越无关的鸡毛蒜皮，然后看到生活的本质、转折点和方向。于是在这一观点上，你就可以理解偶然和灾祸，这些影响并击败人的目的的事件，在人的存在中是微不足道、不值一提的元素，而绝不是不可战胜、起决定作用的。

自然主义者不认为大部分人没有过有目的的生活。但是有人说如果作家要描写愚蠢的人，他自己并不需要很愚蠢。同样，如果作家要描写没有目标的人，他的故事架构也不需要目的全无（因为他的一些人物可以展现他们的目的）。

自然主义者不认为生活中的事件是无规律的、无组织的，不认为生活中的事件几乎不会形成情节架构所需要的清晰、生动的情景。此话不假——而且这是反对自然主义者的主要美学论断。艺术是现实的选择性重塑，它的方法是评判性抽象，它

---

[1] 即观者的视角，而不是看法、主张。——译者注

的任务是形而上学基本要素的有形化。矛盾冲突在"现实生活"中可能缥如团雾,在一生中分散于不同时间段,形成诸多无意义的片段;将矛盾冲突的精华分离出来,然后把焦点对准它,用某一事件或某一场景来描述它,将雨点似的散弹纠集成为巨大的爆炸——这才是艺术最艰深的作用。放弃这一作用就等于放弃了艺术的本质,一只脚踏进了儿童的打闹当中。

例如:很多人都经历过内在价值观的冲突;对于大部分人来说,这些冲突是生活中那些小小的不理智、反复无常、逃避、怯懦,谈不上什么重大的抉择,也不怎么性命攸关——它们堆在一起,就成了这个像没拧紧的水龙头一样把价值观全都遗漏干净的人的虚度的生活。把这样琐碎的冲突和《源泉》中盖尔·华纳德在霍华德·洛克的法庭上[1]展现的价值观冲突相比——你就会马上得出结论,哪一个才是在美学上表现价值观冲突的后果的正确方式。

艺术一个很重要的属性是通用性,所以我想要强调,盖尔·华纳德的冲突作为一个包罗万象的抽象概念,可以在缩小范围之后适用于一个杂货店售货员的冲突。但是杂货店售货员的价值观冲突不可能适用于盖尔·华纳德,甚至也不适用于另一位杂货店售货员。

---

[1] 此处指《源泉》中洛克因为建筑设计而被告上法庭的事。盖尔·华纳德是报业大亨,也是洛克的崇拜者。——译者注

小说的情节和摩天大楼的钢结构功能相同；它决定着其他一切元素的使用、放置和分配。人物的数目、背景、描写、对白、心理活动，等等这些，都被情节所能涉及的内容限制，即它们都必须被整合于事件中，并推进故事的进展。就像一个人不能不顾建筑的结构承载太多重物或悬挂过多装饰一样，人也不能在小说中不顾情节加入过多无关的元素。两种情况导致的后果都是一样的：结构的崩塌。

如果小说中的人物总是大段陈述他们的想法，但是他们的想法又与他们的行为和故事的走势无关，那么这部小说就是十分拙劣的。这类作品的一个例子是托马斯·曼的作品《魔山》[1]。其中的人物总是打断故事以陈述对生活的思考，然后故事——如果那还可以被称作故事的话——又继续下去。

另一个有关但有些不同的拙劣小说作品的例子是西奥多·德莱塞的作品《美国悲剧》[2]。在该书中，作者试图给一个老掉牙的故事附以与之情节无关、不被情节体现的主题。故事毫无新意：一个堕落的懦夫杀害了他已经怀孕的妻子，然后准备迎娶一位继承了万贯家财的女寡妇。根据作者的自述，它声称

---

[1] 托马斯·曼1929年获诺贝尔奖。《魔山》讲述了一个年轻的大学毕业生在肺结核医院的经历。——译者注
[2] 美国著名的自然主义作家，与海明威和福克纳合称美国现代小说三巨头。《美国悲剧》是他反对利己主义作品的代表。——译者注

自己的主题是:"资本主义的邪恶本质。"

在评判一部小说时,你需要谨记含义是依靠情节表达出来的,因为情节形成了故事。假如小说中发生的只是"男孩遇到了女孩",再加之以关于深奥话题的晦涩讨论,它还是"男孩遇到了女孩"。

这说明了优秀小说的如下核心原则:小说的主题和情节必须是完全整合的——就像理智的人的思维和肉体或者想法和行为一样完全整合。

我把主题和小说中各个事件的纽带称为情节主题。它是把抽象主题"翻译"为故事的第一步,没有它就不可能把情节搭建起来。"情节主题"是故事的核心冲突或者"情景"——它是用行为传达的冲突,与主题相协调,同时也足够复杂,可以创造一系列有意义的事件。

小说的主题是其抽象含义的核心——情节主题是其事件的核心。

举例而言,《阿特拉斯耸耸肩》的主题是:"思维在人的存在中的角色。"情节主题则是:"人的思维面对利他的集体主义社会的抗争。"

《悲惨世界》的主题是:"社会对下等人的不公。"情节主题则是:"一个获释罪犯在法律的无情代表的追捕下经历的逃亡一生。"

《飘》的主题是："南北战争对美国南部社会的影响。"情节主题则是："一个女人爱上了一位代表旧秩序的男人，却同时被一位代表新秩序的男人爱着的情感纠葛。"（玛格丽特·米歇尔的能力在这部小说中主要就体现在三角恋的进展依托于南北战争的进展，而且通过简单的情节架构和其他代表南部社会不同阶级的角色相关联。）

把重要的主题和复杂的情节整合起来是作家面临的最困难的任务，极少有人能够做到。这方面的大师是雨果和陀思妥耶夫斯基。如果你想研究最高深的文字艺术，就应该研究小说中的事件是如何从主题中生发出来，又反之表达、阐释主题，使之戏剧化：整合完美到没有其他事件可以传达该主题，也没有其他主题可以创造该事件。

（附带说一句，雨果总是打断他的故事以插入与他的题材相关的历史论述。这是一个非常糟糕的写作习惯，但是在19世纪这是许多作家的通病。它并不能抹杀雨果的成就，因为把这些论述从书中删去，小说的结构不会被打乱。而且尽管这些论述和小说格格不入，它们依然在文学上精妙绝伦。）

由于情节是有目的的行为的戏剧化产物，它就必须基于冲突；可以是一个人物的内在冲突，也可以是两个或多个人物目标和价值观之间的冲突。由于目标不能自发地实现自我，有目的的追求过程在被戏剧化时就不得不包括许多困难；一定会产生一些矛盾、一些斗争——行为的斗争，不一定是肉体的打斗。由于艺术是价值观的有形化产物，没有什么比格斗、追击、逃脱以及各种与心理冲突和价值观内涵无关的行为在美学上更加拙劣、更加愚蠢的了。那样的行为既不是情节，也不是情节的替代品——但是很多水平欠佳的作家希望用它们来替代情节，尤其是在先进的电视剧中。

这就是洗劫文坛的身心二分理论的另一弊端。与行为隔离的想法和心理状态不能被称为一个故事——同样，与想法和价值观隔离的行为也不能被称为一个故事。

由于行为的本质取决于行为者的本质，小说中的行为就需要从人物的品质上生发，必须与人物的本性一致。这就自然而然地让我们想到了小说的第三个属性——刻画。

3. 刻画。刻画是对某一人物独特而与众不同的人格的基本属性的描写。

刻画要求极端的选择能力。认识世界上最复杂的存在；作者的任务是从无边无际的错综复杂中选取基本要素，然后再创造出一个拥有举手投足的细节以使之足够真实的个体人物。这个人物应当是一个抽象概念，但看起来应当像一个实体；它具有抽象概念的普遍性，也同时有人的不可复刻的独特性。

在现实生活中，我们只有通过两种信息源来了解身边的人：我们通过他们做了什么和他们说了什么来评价他们（尤其是前者）。与此类似，小说的刻画也只有两种方式：行为和对白。对某一人物的肖像描写可以帮助小说的刻画，关于人物的想法和感受的心理描写及其他人物对他的评价也可以帮助小说的刻画。但是它们都不过是辅助的方式，失去了行为和对白两大支柱，它们的效果微乎其微。为了重塑人物的现实，作者必须展示他的一举一动。

在刻画上，作家会犯的一大错误是用陈述表明人物的性格，却没有任何证据来支持这些陈述。例如，如果作者不断地告诉我们他的主人公是一个道德高尚、心地善良、多愁善感、侠肝义胆的人物，而他所做的无非是爱着女主角、对邻居微笑、面朝着落日沉思和给民主党投票的话——这就不太可能被称为刻画了。

作家与其他艺术家一样，他必须通过对现实的重塑表达他的评判，而不是在没有任何现实的画面的情况下，摆明他的评判。就刻画而言，一个动作要胜过一千个形容词。

刻画要求对基本属性的描写。性格中的基本要素是什么呢？

当我们在现实生活中说我们不理解一个人的时候，是什么意思呢？我们的意思其实是我们不能理解他的行为。当我们说很了解一个人的时候，我们其实是想说我们理解他的行为，知道他会做什么。我们知道的到底是他的什么呢？答案是，他的动机。

动机是心理学和小说创作的关键概念。它是形成人的性格并且驱使他行动的基本前提和价值观——所以要想理解一个人的性格，就必须了解行为背后的动机。要想知道"什么能让一个人兴奋起来"，我们就必须问："他到底追求什么？"

要想重塑他的人物在现实中的模样，要想让读者能够了解他们的本性和行为，作家就必须解释他们的动机。他可以逐步地揭示动机，在故事的进行中不紧不慢地积累证据，但是在小说的结尾，读者必须明确为什么这些人物要这样做。

刻画的深度取决于作者认为将动机解释到怎样的心理学程度就足以阐述人的行为。例如，在一个平庸的侦探小说中，罪犯的动机仅仅是肤浅的"物欲"——但是陀思妥耶夫斯基的《罪与罚》就解释了罪犯灵魂中最深的哲学根本。

一致性是刻画的重要要求。这并不意味着一个人物必须完全一致——小说中很多最有趣的人物都被刻画成深受内在冲突的折磨。一致性意味着作者需要在他对人物心理的把握上保持一致，不能让他做出无法解释的举动，不能让他做出有悖于小说对其的刻画或者相对于刻画过于跳跃性的行为。这意味着人物的冲突在作家的角度看来绝不是无心插柳。

要保持刻画的内在逻辑，作家必须理解他的人物的动机和行为之间的逻辑链条。要保持动机的一致性，他就必须知道这些人行为的前提，以及这些前提会导致他们在故事的行进中做出何种动作。当一个人物出现在场景中时，他们行为的前提就会为作者决定包含哪些细节的举止的遴选标准。言谈举止的细枝末节是难以穷尽的，揭示人物性格的机会也俯拾皆是，作者对自己希望揭示什么的明确认知会指导他的选择。

如果阐述刻画的过程会达到怎样的效果，使用哪些方式，失之毫厘又会导致怎样的灾难，最好的方式就是用一个例子设身处地地分析。

我会引用如下两个片段：其中一个来自《源泉》，与小说中的只字不差——另一个依然是同一段文字，但是为了阐明我在本文的观点，我修改了它的措辞。两个版本都只有情节的架构，也就是只有对白，没有任何修饰性的段落。但是即便如此，用来阐述这个过程也已经足够了。

这个片段中，霍华德·洛克和彼特·基廷第一次出现在一起。这一场景发生在洛克被大学逐出，而基廷高分毕业的那天晚上，内容是一个年轻人针对他的一个专业上的问题咨询另一个年轻人。但是他们是怎样的年轻人呢？他们的态度、前提和动机如何呢？试试看只用一个场景，你可以读懂多少，体会你的思维自发的分析过程。

下面是小说原文的片段：

"祝贺啊，彼得。"洛克说。

"哦……哦谢谢……我是说……你已经知道了……妈妈已经告诉你了？"

"她告诉我了。"

"她怎么能告诉你呢!"

"这有什么关系呢?"

"霍华德,你看,你知道我对此十分抱歉……"

"算了吧。"

"我……我有话想跟你说,霍华德,说实话,我需要你的建议。我可以坐下来讲吗?"

"说事儿吧。"

"你不会觉得我问你工作上的事情很不妥吧,尤其是你刚刚……"

"我已经说过了,算了。有事说事。"

"嗯,是这样,我总觉得你疯了。但是我觉得你跟那些蠢蛋相比还是有些造诣——我是说在建筑方面——你对建筑的热爱也不是他们所能企及的。"

"所以呢?"

"所以,我不知道我为什么来找你,但是——霍华德,我之前说过的,我更欣赏你对事情的见解,而不是校长的见解——我只是现在屈服于校长,但是你的观点对于我个人来说意义绝对更加深远,我不知道为什么。我也不知道为什么我要来找你说这个。"

"算了吧,你不会是害怕我吧?你有什么事求我?"

"是关于奖学金的事。我在巴黎获的奖。"

"嗯？"

"是四年之前的事了。盖伊·弗兰肯之前也承诺给我一份工作。最近他又跟我提到说这份工作依然为我保留着。我不知道该选哪个了。"

"如果你想要我的建议的话，彼得，你就错到家了。你问我，问任何人，都是错误的。不要问任何人，这是你自己的事。你难道不知道自己想要什么吗？你怎么可能不知道自己想要什么呢？"

"你看，这就是我钦佩你的地方，霍华德。你总是知道这么多还如此谦虚。"

"奉承的话可以免了。"

"但是我是真心问你的，如果你是我，你会怎么选择呢？"

"可我不可能是你。我不能帮你做选择。"

这就是小说中的片段。下面是同样的场景改写后的版本：

"祝贺啊，彼得。"洛克说。

"哦……哦谢谢……我是说……你已经知道了……妈妈已经告诉你了？"

"她告诉我了。"

"她怎么能告诉你呢！"

"没关系啦，我不介意。"

"霍华德，你看，你知道我听到你被驱逐内心十分难受。"

"谢谢你，彼得。"

"我……我有话想跟你说，霍华德，说实话，我需要你的建议。我可以坐下来讲吗？"

"请坐，请坐。我会尽我所能帮助你。"

"你不会觉得我问你工作上的事情很不妥吧，尤其是在你刚刚被驱逐的情况下？"

"不会的，不过谢谢你关心我啊，谢谢！"

"嗯，是这样，我总觉得你疯了。"

"为什么？"

"你对建筑的见解——没有人赏识你，没有举足轻重的人物为你说话，校长和各位教授都不和你站在一边……他们也都是这一领域的大师。我其实也不知道我为什么要来找你。"

"是啊，这百家争鸣的世上有很多不同的观点。你想问我什么事呢？"

"是关于奖学金的事。我在巴黎获的奖。"

"我个人不喜欢。但我知道这对你很重要。"

"是四年前的事了。盖伊·弗兰肯之前也承诺给我一份工作。最近他又跟我提到说这份工作依然为我保留着。我不知道该选哪个了。"

"如果你想要我的建议的话,彼得,你还是应该跟随盖伊·弗兰肯为妙。我不了解他做的工作,但是他是个很有名的建筑师,你会学到真本事的。"

"你看,这就是我钦佩你的地方,霍华德。你总是这么果断地作决定。"

"哪儿有。"

"你怎么做到的呢?"

"也许是与生俱来的能力吧。"

"但是你看,我总是不确定。霍华德,我总是不确定我自己想要什么,而你却总是十分确定。"

"没有,没有,我也就是知道自己在干什么。"

这是一个把"人性"赋予小说中的人物的例子。

我曾经把后者给一位年轻的读者看,他愤愤地喟叹道:"他不伟大了——他变得平庸了!"

我们来分析一下这两个片段分别传达了什么。

在原文中,洛克对于基廷以及整个世界对他被开除的看法一概无动于衷。他也不拿自己和基廷去比,不认为自己被开除和基廷的成功之间存在任何联系。

洛克对基廷是礼貌的,但是他的态度十分冷漠。

洛克只有在基廷承认他确实尊崇洛克的建筑观点,或者表达他的诚意的时候才会变得温和、友好一些。

洛克给基廷的关于独立自主的建议证明洛克大度地对基廷的问题予以严肃对待——洛克不是授人以鱼，而是授人以渔。他们处世的基本前提的不同在两行对白中最为突显。基廷说："如果你是我，你会怎么选择呢？"洛克说："可是我不可能是你。我不能帮你做选择。"

在改写的片段中，洛克默许了基廷和他的母亲的标准——也就是以他的被除名为灾难，而以基廷的毕业为凯旋——但他对此慨然接受。

洛克很关心基廷的前途，并且欣然帮助他。

洛克接受了基廷好心的安慰。

当基廷无礼地批评他的想法时，洛克好像很在乎地问："为什么？"

洛克容忍一切观点的分歧，表现出一种非客观的、相对的观念。

洛克向基廷阐述了很明确的建议，不认为基廷基于别人的分析下结论有任何错误。

洛克匿藏、限制他的自信。他不认为自信是一种美德，他觉得他没有掌握任何普遍的原理，也没有任何理由在他的作品之外的任何事上保持自信。因此他说自己只是一个肤浅的、没什么雄才大略的专业技术人员，也许在本职工作上还靠一点谱，但是在此之外，他没有更广泛的德行，没有更普遍的原理，也没有哲学的观点和价值观。

如果洛克真的是这种人，他可能就难以在他奋力抗争十八年的战斗中挺过哪怕是一两个年头；当然就更不可能赢下这场战斗。如果小说中采用了改写后的版本来替代原文（再"润色"几处让它和原文衔接），故事中之后的事件就没有一个显得顺理成章。洛克之后的行为就会十分蹊跷，显得空穴来风，在心理学上毫无逻辑，对他的刻画也会随即四分五裂，故事也会四分五裂，小说也会四分五裂。

现在，为什么小说的各大元素都是其属性而不是各自为政的部分原因就清楚了，它们是如何互相关联也清楚了。小说的主题只能通过情节中的事件传达出来，情节中的事件又要依赖于实行它们的人的刻画——刻画没有情节中的事件就无法完成，情节没有主题也无法搭建起来。

这就是小说的本质所要求的整合形式。这也是为什么好的小说本身就是不可拆分的总和：每一个场景、事件的链条和章节都必须包含、推进并超越这三大属性：主题、情节、刻画。

至于这三个属性哪一个是本位，哪一个用以启动小说的写作则没有定论。作家可以一开始先选择主题，然后把它"翻译"为合适的情节，再刻画情节中的人物。或者他可以先构思情节，也就是情节主题，然后决定他需要哪些人物，再定义他的故事的抽象含义。他也可以先表现一些人物，然后决定他们的动机会导致怎样的冲突，引发怎样的事件，再决定小说的终极意义。所以作家从哪里开始都无关紧要，只要他知道三个属性都必须要结合在一起，形成一个整合过的总和，于是构思是从哪点出发就无法被旁人识别了。

小说的第四个属性是风格，它是其他三个属性的表现方式。

风格这一概念过于复杂，用简短的讨论难以面面俱到。我只挑几个重点来说。

文学风格有两个基本元素（每一个都统领着大量的类别）："角度选择"以及"措辞"。"角度选择"指的是作者选择表达的（即包含什么，舍弃什么）某个段落的各个方面（描写、叙述或对白）。"措辞"指的是作家对词汇和句式的选择。

例如，如果一个作家要描写一位貌美的女子，他在风格上的"角度选择"决定了他是否会提到（或是强调）她的容貌、身材、举止或者表情等；他选取的细节是关键的、重要的，还是偶然的、无关的；他是用客观事实说话，还是更多地使用主观评价；等等。他的"措辞"则会基于他选择的角度形成情感暗示和价值观偏见（他使用"单薄"、"瘦削"、"苗条"和"纤长"等词来形容那位女子，一定会有不同的效果）。

我们拿两部小说的两个片段的文学风格来比较一下。二者都是关于同一个主题：纽约的夜。看看哪一个重塑了一个特定景象的真实效果，哪一个关注的是朦胧的情感判断和飘忽的抽象概念。

第一个节选：

在这样的夜色中没有人过桥去。雨帘像雾一样，如同灰色的帷幕将我与飞驰的车辆结起霜雾的车窗背后惨白的人脸分开。甚至连曼哈顿之夜的绚烂都被压抑住，成了远方黄色灯光中微蒙的困意。

我就在这里把车停下，下车走路，把脑袋缩在雨衣的衣领里，但是夜依然像毯子一样将我裹挟。我走着，我吸着烟，我用脚踢着地上的烟头，看着它们翻滚到人行道边，火花微微一闪，然后熄灭。

第二个片段：

这个时间和这个地点准确地唤醒了他的青年时代，他欲望的顶峰。这座城从来都没有那个夜晚一般美丽。他第一次见识到，纽约简直就是世界上独一无二的夜之城。纽约有着无与伦比的可爱，一种现代的美，这种美流淌在时间和空间中，而又没有任何一种其他的时间和空间可以与之相匹敌。他忽然意识到其他拥有美丽夜景的城市——在巴黎，圣心教堂绽放的孤峰中放射出神秘之美；在伦敦，雾气中若隐若现的灵光亦有无穷之美——它们各有千秋，可爱又神秘，但是都比不上纽约的美。

第一个片段来自米奇·斯皮兰的小说《孤夜》。第二个片段来自托马斯·沃尔夫的《网与石》。

两位作家都重塑了情景，也传达了某种情感，但是关键在于方式。在斯皮兰的描写中没有出现任何表达情感的形容词；他只描述可视的事实；但是他也仅挑选了会造成一种荒凉的情绪的事实和细节。沃尔夫则没有描写城市；他没有提供任何视觉细节。他只表示城市是"美丽的"，但没有告诉我们它美丽在何处。像"美丽"这样的词都只是感觉而已；没有激发这些感觉的实体，它们就是空中楼阁，是毫无意义的概括。

斯皮兰的风格更加着重于现实，精神认识论更加客观；他罗列事实，并希望用现实激发读者的情感。沃尔夫的风格则更加着重情感，精神认识论更加主观；他希望读者接受出离于现实的情感，用间接的方式接受它们。

斯皮兰的文学需要聚精会神，因为读者自己的思维需要分析事实，并激发出一个对应的情感；如果一个人没有聚精会神地读斯皮兰，他定一无所获——没有可供不劳而获的概括，没有已经被咀嚼过的情感。如果读沃尔夫的时候不这么聚精会神呢，读者还是会获得一个模糊但毫不保留的大体感受，就好像他说了许多重要的振奋言语一样；如果一个人聚精会神地读沃尔夫，他会发现沃尔夫其实满纸空言，春蛙秋蝉而已。

文学风格不是只有这些属性。我使用这两个例子只是为了说明最笼统的分类。在这两个片段中出现的风格元素还有很多很多，在其他的文章中也是如此。风格是文学最复杂的方面，也是在心理学上最给人以启发的。

但是风格自身不是目的，它只是达到一个目的的方法——也就是讲故事的方法。文采飞扬的作家假若言之无物，就恰恰成为美学发展停滞的代表；他就好比一个钢琴家，基本练习上功夫了得，但是却从来无法举办音乐会。

高谈虚论的作家典型的作品——以及他们连风格都谈不上的效仿者——就是所谓"纯情绪描写"，也就是只表现情绪的文学小品，这一写法风靡当今文学界。这类作品不是艺术，它们就好比基本练习，永远不可能成为艺术。

艺术是现实的重塑，它能够也必然影响读者的情绪；但是情绪只是艺术的一个副产品。如果作者有意识地跳过有意义的现实的重塑，而试图影响读者的情绪，就是试图拆散意识与现实——使得意识，而非现实，占据了艺术的焦点，从而使转瞬即逝的情感，也就是"情绪"自身成了目的。

有些现代画家把颜料涂抹在十分拙劣的画作上，就吹嘘其"色彩协调"——但是对于真正的画家而言，色彩协调只是他达到更加复杂和重要的目的的方式之一。同样，现代作家在小品中加上一点华丽的辞藻，就吹嘘他创造的"情绪"——但是对于真正的作家而言，情绪的重塑只是他掌握像主题、情节、刻画等复杂元素，并把它们整合到小说的全篇的方式之一。

这一话题是哲学和艺术关系的有力阐述。就像现代哲学的主流是摧毁意识的认知层面，甚至感知层面，使其萎缩至官能的层次一样——现代艺术和文学的主流是瓦解人的意识，使其萎缩至官能的层次，色彩、噪音与情绪的无意义享受的层次。

任何时代、任何文化的艺术都是该时代和该文化的哲学的一面镜子。如果你在当今社会的美学镜子中看到一个不堪入目、支离破碎的畸形怪物——庸庸碌碌、理性丧失和诚惶诚恐的流产婴儿——正瞪着你，你看到的依旧是占据当今文化的哲学思想的呈现和有形化产物。只有出现了上述方面，当今的潮流才能被称为"艺术"——不是因为那些始作俑者的意图和成就，而是因为尽管艺术领域整个沦陷于他们之手，他们依然不能泯灭艺术的启示作用。

这好像是耸人听闻，但是这样的讨论是具有实际意义的：那些不想把自己的未来交给精神游离的魔鬼的人，可以据此了解魔鬼的老巢暗藏在哪片沼泽，可以杀灭它们的利器又是什么。它们的老巢是现代哲学；杀灭它们的利器是理性。

1968年7—8月

六 何谓浪漫主义

浪漫主义是基于人具有意志力这条原则的艺术类别。

艺术是现实根据艺术家的形而上学价值判断的选择性重塑。艺术家重塑现实中代表他对人和存在的观点的部分。如果要形成对人本性的观点，要回答的一个根本的问题就是人是否有意志力的问题——因为对所有关于人的特征、需求和行为的结论与评判都要基于这个问题的答案。

针对这一问题的不同回答就形成了两大艺术类别各自的基本假设：浪漫主义，认为人的意志是存在的；自然主义，否认人的意志的存在。

在文学领域，这两类艺术的基本假设（无论是有意识的还是无意识的）决定了文学作品的基本元素的形式。

1. 如果人具有意志，那么他生活的重要环节就是他对价值观的选择——如果他选择了价值观，他就必须用行动来获得和

（或）保持它——如此，他就必须确定他的目标，通过有目的的行动来达到目标。表现这样行动的本质的文学形式叫作情节。（情节是逻辑相关的事件向着高潮时刻矛盾解决的有目的前进。）

意志力作用于生活的两个基本方面：意识和存在，即人的心理活动和人的存在活动，也即人格的形成和物质世界的行为过程。因此，在文学作品中，刻画和事件都是作者根据它们对于价值观在人的心理和存在中的重要性（以及他认为正确的价值观）而创造出来的。他的角色是抽象的投影，而不是实体的复制；它们是以抽象概念的方式被发明出来的，不是他用身边的某个人不加改动地复制出来的。任何一个人特定的性格都只是他自己价值观选择的基准，毫无进一步的形而上学价值（除非作为人类心理学的概括性原理的研究样本）；某个人特定的性格只是性格学中无穷可能性的冰山一角。

2. 如果人没有意志，那么他的生活和他的性格都是取决于一种超越他掌控的力量——如此，他就不能选择价值观——如此，他看起来拥有的价值观其实只是假象而已，都是被他无力抵抗的力量决定的——如此，他也无法达到自己的目标，实施有目的的行动——如果他试图抵抗那些假象，他就注定败给那样的力量，然后他的失败（或者偶尔的成功）都与他的行为无关。表现这样行动的本质的文学形式叫作情节空洞（因为没有有意义的事件推进，没有逻辑联系性，没有冲突解决，没有高潮）。

如果人的性格和人生旅途是未知（或不可知）力量的产物，那么在文学作品中，刻画和事件都不可能是作者创造的，而是从作者身边特定的人物和事件上复制而成的。由于他否认人的心理存在任何有效的动机原则，他就不能用概念的方法创造人物。他只能像观察静物一样观察他生活中的人，然后复制他们——含蓄地希望这样的复制可以揭示控制人的命运的未知力量的蛛丝马迹。

上述浪漫主义和自然主义的假设（意志和反意志的假设）影响着文学作品的方方面面，例如主题的选择、风格的偏好，但是小说结构的本质——情节丰富或是情节空洞——代表了两大类别最重要的区别，是把作品归于某类的最明显的特征。

这并不是说作家需要明确自己的基本假设，然后通过有意识的思维过程来使用这些假设以及它们的推论。艺术更多地是人潜意识整合和人生观的产物，而不是他有意识的哲学观念的产物。甚至连基本假设的选择都有可能是潜意识的——因为艺术家和旁人一样，很少把人生观转变成有意识的概念。同时，由于艺术家的人生观可能和所有人一样充满矛盾，这样的矛盾会在作品中显现出来；浪漫主义和自然主义的分割线不是在每一件作品的每一个方面都是一致的（尤其是因为这两种基本假设之一是错误的）。但是如果通览艺术领域，研究古今作品，你就会发现两种假设所创造作品的一致性就是艺术领域中形而上学假设的力量的有力证明。

除了凤毛麟角的勉强案例外，浪漫主义在今日文坛已经销声匿迹。如果你意识到几代人都是在哲学大灾难——在非理性主义和宿命论大灾难的重压下成长起来的话，我说的就不是危言耸听。在年轻人心智发展的时期，他们在哲学理论中，在文化环境中，在身边被动、腐坏的社会的积习中，都找不到发育理性、本善、价值观明确的人生观的土壤。

但是我们还可以看到这样一种不太被察觉和认识的心理症状：所谓美学专家对艺术中任何浪漫主义假设的恶意围攻。文学作品的情节尤为激发这种敌意——一种充满了个人色彩的敌意，因为作为单纯文学的讨论就不可能如饿虎扑食一般。如果就像他们说的那样，情节是文学中可以忽视、不宜出现的元素，他们暴风骤雨一般的斥责中为什么要带着歇斯底里的恨呢？这样的反应其实是与形而上学，即足以动摇人的整个人生观（如果人生观确乎是非理性的）之基石的问题相关的。他们察觉到的是一个暗含着意志的假设（因此也暗含着影响道德价值观）的情节架构。基于同样的潜意识原因的同样的反应是被英雄人物、美好的结局和道德的胜利激发的，在视觉艺术中则是——美。物质的美是与道德与意志无关的——但是选择画一个美丽的人而不是一个丑陋的人，则暗示了意志的存在；也暗含了选择、标准和价值观的存在。

美学体系中浪漫主义的没落——就好像道德体系中个人主义的没落或是政治体系中资本主义的没落一样——都来自哲学阐释的匮乏……这三种情形都与最基础的价值观本质相关，然而阐幽探赜又不曾有。这就使得问题的关键在讨论中反而被认为无关宏旨，因此价值观就被那些不知道他们丢失了什么或者为什么丢失了这些东西的人打入冷宫。

神秘主义自古以来就垄断了美学领域。下面对浪漫主义的定义只代表我的个人观点——既不是众所周知的，也不是被广泛接受的。浪漫主义（或其关键元素，甚至艺术本身）还没有被广泛接受的定义。

浪漫主义兴起于19世纪——它是两大方面影响的（很大程度上是潜意识的）共同产物：亚里士多德学说，释放出人的思维从而解放了人类以及资本主义，使人获得了将思想转化为行动的自由（后者是前者的结果）。但是尽管亚里士多德学说的实际影响一直在潜移默化地影响着每个人的生活，其理论已经尘封千年：自从文艺复兴以来，哲学早已倒退回了柏拉图的神秘主义。因此19世纪发生的史无前例的事件——工业革命、科学的飞速发展、生活品质的大幅提升、人性的解放——都缺乏理论的指导和判断。19世纪的人是以亚里士多德的人生观为向导，而不是以亚里士多德的哲学为向导的。（于是就像是朝气焕发的年轻人不能用意识来驾驭自己的人生观一样，19世纪很快便燃尽了能量，由于对于自身超强能力的懵懂困惑而熄灭了。）

无论他们自己如何阐述自己的思想，那个世纪的新兴艺术学派——浪漫主义——的人生观就孕育于当时的文化氛围：人类沉醉于刚刚获得的自由之中，古老的暴政统治——教会、国家、君主、封建制———倒下，他们的四周突然延展出四通八达的道路，解开桎梏的能量势不可当。这种氛围很大程度上表现在19世纪人们无知、疯狂、盲目地相信人类的发展会从此无止境地、自发地进行下去。

浪漫主义者在美学上是19世纪的叛逆者和改革者。但是他们的各种论断又大部分是反亚里士多德学说的，更加偏向于野蛮、散漫的神秘主义。他们没有用最基本的观点来看待他们的叛逆；他们以艺术家的自由为名，尽管没有反抗宿命论，他们还是较为肤浅地反抗着当时的美学"制度"：反抗古典主义。

古典主义（这是一类更加肤浅的艺术的代表）作为一个学派发明了许多无缘无故的、细枝末节的规定来代表美学价值观的终极标准。在文学领域，这些规定包括各种勉强可以从希腊（和法国）的悲剧中追溯其发源的规则，限制了剧作的每一个方面（如事件、地点、行为的一体），甚至是一部作品分为几幕，一个角色在一幕中共可以诵几节诗都有要求的。这些规则中有一些是依据亚里士多德的美学观点，恰恰就说明了受限于实体的心理会致使思维逃避责任，把抽象原则变成实体限定，把创造变成模仿。（关于20世纪仍存在的古典主义的例子，我建议读者去看《源泉》中霍华德·洛克的对立者所代表的建筑学教条。）

尽管古典学派无法回答他们的规定为什么要被采纳（他们除了追溯历史、打出权威的王牌或者断言沿袭传统的优越性之外就黔驴技穷），这一学派却被认为是理性的代表！

这就是有史以来人类文化中最令人笑掉大牙的讽刺之根源：最早，人们把浪漫主义的本质定义为基于情感为第一性的美学学派——而不是最推崇理智为第一性的学派，因为那已经是古典主义学派了（于是，之后被称为自然主义）。这样的定义以各种方式流传到了如今。这又说明了未经深思熟虑就下定义会导致多么可怕的哲学灾难——这也说明了以非哲学的方式来理解文化现象会付出多大的代价。

这样的分类很明显是来源于错误的认识。浪漫主义者给艺术带来了价值观的第一性，这一元素在古典主义者的抱残守缺和墨守成规所致的再三再四又不三不四的重复中被忽略了。价值观（和价值判断）是情感的源泉；浪漫主义者的作品和观众的反应都表现了超乎常人想象的情感强度，以及大量的色彩、想象、创意、刺激等属于以价值观为导向的生活的产物。情感元素是浪漫主义运动最容易察觉的特点，于是它就被不求甚解地理解为了它的最关键特征。

生活中价值观的第一性不是不可拆分的要素，它依托于人的意志力，因此浪漫主义者在哲学上是意志（价值观的根本所在）的拥护者，而不是情感（仅仅是价值观的产物）的拥护者——上述命题都应该由哲学家来论证，可他们对于美学视而不见，他们对19世纪的任何一个重要的问题都视而不见。

另一个更加深奥的命题，也就是理性能力等同于意志力，在19世纪的时候尚未被提出，各种关于自由意志的理论都是非理性的，于是又增强了意志和神秘主义的关联。

浪漫主义者认为他们的目标主要是维护他们的个性——但是他们既无法理解这一目标的深层次形而上学理由，也无法用理性认识他们的价值观——因此他们用感觉的方式来争取个性，结果他们的敌人就攫取了理性的旗帜。

这一谬误所导致的其他较为不重要的后果还有很多，但它们都是那个时代哲学混乱的表征。浪漫主义盲目地追寻以形而上学为导向的、品位高雅的生活方式，于是就成了资本主义的敌人。浪漫主义者认为资本主义是一个庸俗的、物质至上的"小资产阶级"系统——但同时却没有注意到资本主义是唯一一个能够确保真正的自由、个性和对价值观追求的系统。浪漫主义学派中，一些人选择成为社会主义的拥护者；有些人从中世纪获取灵感，无耻地鼓吹那个噩梦一般的年代；有些则皈依了很多非理性主义者的归宿：宗教。这一切都加速了浪漫主义和现实的隔阂。

当19世纪后半叶自然主义一步登天，公然表示自己代表了理性和现实，宣称艺术家的任务是以"事物的本来面目"描绘事物之时——浪漫主义却没有发表反对意见的底气。

显然，哲学家也增加了"浪漫主义"一词的歧义。他们以"浪漫主义"来形容一些公然支持神秘主义，拥护情感、直觉、意念凌驾于理性之上的哲学家（例如谢林[1]和叔本华[2]）。这一哲学运动与美学中的浪漫主义并无太大关系，两个运动绝不能够相互混淆。但是"浪漫主义"现行通用的命名在一点上是不错的：它暗示了关于意志的分歧之深。"浪漫主义"哲学家的理论是邪恶、崩坏的，憎恶现实的，试图以不可理喻的崇拜来拥护意，但是美学的浪漫主义盲目地追求以人在现实中的生活和价值观来拥护意志。严谨地说，雨果笔下的世界焕发出的耀眼光芒恰恰是叔本华污秽邪恶的哲学思想的反面。只有哲学上不负责任的囫囵吞枣才能把这二者归于一类。但这一问题也证明了意志的重要性，以及如果人不能理解意志的本质将会导致多么扭曲的后果。同时这一问题也可以证明意志属于理性能力的功能之一。

最近，一些文学史家已经不再将浪漫主义定义为以情感为

---

[1] 18世纪到19世纪德国唯心主义哲学家，很大程度上为黑格尔的哲学奠定了基础。——译者注

[2] 德国哲学家，唯意志主义和生命哲学学派的创始人。——译者注

导向的学派，并试图找到一个更好的定义，因为他们认为之前的定义是不准确的，但是他们都功亏一篑。根据基本性原则[1]，浪漫主义必然被定义为以意志为导向的学派——浪漫主义文学的本质和发展史只有通过这一基本特征才能够被梳理清楚。

浪漫主义（暗含）的标准过于苛刻，以至于尽管在其巅峰时期，浪漫主义作家成千上万，顶级、纯粹、始终如一的浪漫主义者也是少之又少。在小说家中，最伟大的当属雨果和陀思妥耶夫斯基，至于小说作品（它们的作者在其他作品中可能并不这么稳定），我会提名亨利克·显克微支[2]的《君往何方》和纳撒尼尔·霍桑[3]的《红字》。剧作家中最伟大的则当属弗里德里希·席勒[4]和埃德蒙·罗斯丹[5]。

这些顶级作家的区分特征（撇开他们纯粹的文学天赋不谈）是他们在以下两个基本领域中对于意志假设的完全保证：在意识和存在，对应到物质世界即人格和行为。这些作家可以完美地整合这两个方面，创造出精巧绝伦的情节，他们要做到这些

---

1 客观主义哲学的原则之一，即当某物具有许多与其他事物区别开的特征时，其他特征所基于的特征为基本特征。——译者注
2 波兰作家，1905年获诺贝尔文学奖。——译者注
3 19世纪美国小说家。——译者注
4 18世纪德国著名诗人和剧作家，德国启蒙文学的代表人物之一，发起了"狂飙突进运动"。——译者注
5 法国剧作家，活跃于19世纪末期，一生创作了七部风格各异的歌剧。——译者注

就必须关注人的灵魂（即他的意识）。他们是具有深奥世界观的伦理学者；他们不仅仅关注价值观，更加关注伦理价值观以及伦理价值观如何塑造人的性格。他们的人物"大于现实中的人"，即他们是用基本元素塑造的抽象投影（这些投影不一定是成功的，我们之后会讨论这一点）。在他们的故事中不会出现与伦理价值观无关的、为了行动而行动的情况。他们情节中的事件是由人物的价值观（或对价值观的背叛），他们追求精神目标的斗争，他们深邃的价值观冲突而激发、决定和塑造的。他们选取的主题都是关于存在的永恒话题，基本、通用、超越时代——所以他们凭借自己的精湛技艺而妙笔生花，缔造了文学中极少出现的特征：主题和情节的完美整合。

如果哲学的重要性是我们应该严肃看待的事物的标准，那么上述的作家在文学史上的地位绝对不可小觑。

第二档的浪漫主义者（他们依然具有不错的文学素养，但是缺乏高屋建瓴的思想）就预示了浪漫主义的每况愈下。这一档的代表人物有沃尔特·斯科特[1]和亚历山大·仲马[2]，他们的作品都很强调行为，然而却忽略了精神目标和重要的道德价值观。他们的故事依然精巧、富于想象、充满悬念，但是小说中人物追求的价值观，也就是激发人物这样或那样的行为的价

---

1 英国诗人，小说家。——译者注
2 19世纪法国浪漫主义作家。——译者注

值观却是原始、肤浅、不具有形而上学重要性的：对国王的忠诚，找回久失的遗产，个人恩怨，等等。冲突和故事线都是外在的。人物当然也是抽象概念，不属于自然主义的复制，但是他们非黑即白，缺乏刻画。于是他们流于平庸，比如"勇敢的骑士""高雅的女士""佞臣"——所以他们既不是被创造的，也不是直接来自生活的，而是从浪漫主义的人物大仓库里挑选的某个现成的形象。形而上学意义的缺失（除了情节架构中隐含的对意志的肯定）表现在此类小说缺乏抽象主题的情节中——故事的主要冲突就是它的主题，而且这一冲突一般都是或真实或杜撰的历史事件。

再往下一个档次，浪漫主义的崩溃和由一个假设导致的矛盾就显现了出来。有些作家假设人的意志仅限于存在中，而无法延展到意识中，即仅限于行为中，而无法延展到人格中。这一类作品的共性是：传统的人物构成了不一般的事件。故事是抽象投影，涉及诸多不属于"现实生活"的行为，但是人物是平庸的存在。故事是浪漫主义的，人物是自然主义的。这样的小说很少具有真正的情节（因为价值观冲突没有作为情节发展的原则），但是他们确实有可以替代情节的内容：由某个目标或者任务为中心的故事，而且这个故事也的确连贯、富于想象、充满悬念。

两种不可共存的元素之间的矛盾会导致显而易见的结果：行为与刻画完全割裂，于是行为没有动机、人物难以理解。读者便会觉得:"这样的人不可能做出这样的事的呀!"

由于强调绝对的行为,同时又忽略人的心理,这一类小说徘徊于流行小说和严肃小说的分界线上。顶级的小说家无一属于此类;此类中最有名的无外乎科幻小说的作家,例如威尔斯[1]或是儒勒·凡尔纳[2]。(来自自然主义学派的优秀作家也偶尔会彰显出一点被压抑的浪漫主义元素,试图基于需要浪漫主义方式才能阐述的主题来创作小说;其结果被包含于此类。例如辛克莱·刘易斯的《这里不会发生这样的事》。)不言而喻,此类小说一般不具有说服力。而且无论行为被表现得多么淋漓尽致,它们总是不尽如人意,也很少给人以启迪。

但是同时也存在着另一个极端,有些作家假设人的意志仅限于意识中,而无法延展到存在中,也就是仅限于对他的人格和价值观的选择,而无法延展到他在物质世界的目标和成就。此类作家共性为抒写宏大的主题,感喟世态炎凉,然而情节却是干瘪枯燥的,作品整体散发着悲剧的气息,让人相信"崩坏的世界"。这一类作家以诗人占多数。其中最重要的一位是拜伦[3],他的名字被用于命名这一类"拜伦主义"存在观:其核心在于认

---

[1] 英国著名小说家,他创造的"外星人""反乌托邦"等题材成为科幻小说界无法超越的永恒经典。——译者注
[2] 法国小说家,科幻小说的开创者之一。——译者注
[3] 英国浪漫主义诗人,代表作《唐璜》家喻户晓。——译者注

为尽管人永远不可能战胜厄运，还是必须轰轰烈烈地生活，为自己的价值观而斗争。

如今，这一观点成为存在主义的哲学思想，但是他们不再关注同样的宏大主题，也用自然主义的很多元素替代了浪漫主义。

浪漫主义在哲学上是赞美人的存在的一场远征；在心理学上它是一种希望生活充满乐趣的欲望。

这种欲望是浪漫主义独有想象力的根源和动力。在流行文学中，这种想象力的典范是欧·亨利[1]，他令人眼花缭乱的独特技巧都是从无尽的想象当中来，这恰恰体现了他天真烂漫的真善美人生观。欧·亨利比其他任何作家都要更有朝气——更具体地说，都更有年轻人的生活态度：希望在生活的每一个角落寻觅到出人意料的美好。

在流行文学的领域，浪漫主义的优势和潜在的缺陷都更加显而易见了。

流行文学是不涉及抽象问题的小说门类；它对道德法则采取默认的态度，以某些概括性常识为基本。（所谓常识的价值观和传统价值观有本质的不同；前者可以被理性地证明，而后者不能。尽管后者也许与前者有些交集，但是他们的争取依然不是基于理性，而是基于社会的从众。）

流行小说既不提出也不回答抽象问题；它假定人们知道他

---

[1] 美国小说家，一生写作了三百多部短篇小说。——译者注

们必需的知识，于是便进一步展现生活中各种惊心动魄的事件（这是它老少皆宜、雅俗共赏的原因之一）。流行小说的共性是它们没有外显的观点，也不企图传达任何哲学观点或者宣传任何哲学谬误。

侦探小说、冒险小说、科幻小说和西部小说[1]。这一类作家中的优秀代表与斯科特、大仲马等十分类似：它们关注行为，但是它们的正派人物和反派人物都是抽象的投影，形象非黑即白，分为明显的两派。（当代的这类作家中优秀的有：米奇·斯皮兰、伊恩·弗莱明[2]、唐纳德·汉密尔顿[3]。）

一旦我们去研究二流的流行文学，我们就会来到一片文学理论彻底失去价值的真空地带（尤其是当二流的文学包括了电影和电视的媒介之后）。浪漫主义的特征完全消弭。这种层次的写作已不是潜意识假设的产物：它是东抄西袭的庞杂元素的堆砌，而不是人生观的创造。

这一层次有如下共性：它不仅仅使用传统的、自然主义的人物演绎浪漫主义的事件，还在实践更加荒谬的做法：使用传奇化的人物以代表传统价值观。如此的做法只能是拾人涕唾，

---

[1] 西部小说指以19世纪后半叶前后发生在美国西部的故事为题材的小说。——译者注
[2] 英国作家，创作了著名的詹姆斯·邦德系列。——译者注
[3] 美国作家，以间谍小说著称，他的迈特·海姆小说系列从1960年首次发表开始，三十年经久不衰。——译者注

只能表达空洞的陈腔旧调,以之代替价值观判断。这种方式缺乏浪漫主义的基本属性:作者个人价值观的独立创意——同时它也缺乏(优秀的)自然主义者的纪实:它不会"以实体的本身面貌"来展现它们,反而表现人的自命不凡(例如做作的角色扮演或是天马行空的情节),然后自欺欺人地认为这就是现实。

二战前的大部分"低俗杂志"都属于此类,不厌其烦地重复着各种灰姑娘式主题、母爱主题、历史主题或者"一个平凡的人却有着金子般的心灵"的主题。(例如埃德纳·菲伯[1]、范妮·赫斯特[2]、巴利·班尼菲尔德[3]。)此类小说没有情节可言,多多少少地有一些还连得成线条的故事,但没有可以辨识的刻画:那些人物从纪实的角度是漏洞百出的,从形而上学的角度又是毫无意义的。(对于这些作品是否属于浪漫主义的分类尚存在争议;它们通常被归入浪漫主义的主要原因是它们无论从物质上还是精神上都难以与现实存在相关性。)

从它们的非纪实属性来看,电影和电视从本质上只能被划归到浪漫主义的范畴(由于它们的抽象性、要素性和戏剧性)。然而不幸的是,这两种媒介都晚来了一步:浪漫主义的黄金时

---

[1] 20世纪美国女作家,获1925年获普利策小说奖。——译者注
[2] 美国小说家,她一生创作了多部十分畅销的小说,并且很多都被搬上银幕。——译者注
[3] 美国作家,代表了南部得克萨斯的写作风格。——译者注

代已经终结,于是只有些许的余晖照亮了几部鹤立鸡群的优秀电影(弗里茨·朗的《西格弗里德》首屈一指)。在很长一段时间内,电影界都充斥着低俗杂志式的浪漫主义,而且品位更为低下,想象力更为匮乏,内涵更为庸俗。

一方面是为了反抗价值观的堕落,然而更大程度上还是源于当今社会总体的哲学瓦解和文化瓦解(以及反价值观的倾向),浪漫主义从电影中消失了,在电视的媒介中更是从未出现过(除了几部侦探系列之外,可是现在连侦探系列都销声匿迹了)。留下的却是偶尔出现的一些小心翼翼的喜剧作品,字里行间都如履薄冰一般,其作者不断为自己的浪漫主义倾向而道歉——或者是混搭的作品,其作者不断请求读者不要把他当作价值观(或人类伟大文明)的拥护者,于是便写作羞涩、做作的人物轰轰烈烈的人生,尤其是在科学领域。这类场景可以用类似如下的一句台词来总结:"不好意思啊,宝贝儿,我今天晚上不能带你去比萨店,我得回实验室去裂变我的原子去了。"

哲学瓦解和文化瓦解的另一层,也是最后一层,在于从浪漫主义文学中清除浪漫主义的存在,即清除价值观、道德和意志的元素。上述现象曾经被称为侦探小说中的"硬汉派"[1];现在则被冠以"现实主义"的帽子。此类作品不区分正派和反派(或

---

[1] 20世纪20年代末期兴起于美国,其中描写的侦探大多在黑暗的社会环境中挺身而出,伸张正义;故事一般情节紧凑,文字简洁。——译者注

是侦探和罪犯，或是受害人和凶手），于是只能表现两股势力在同一片领地上无缘无故地残杀（因为各自都没有合理的动机），但是各自又都乐此不疲。

这就是浪漫主义和自然主义的两条路最终相遇、混合然后湮灭的死胡同：命中注定的卑鄙人物经历着一系列无法解释的夸张事件，参与到貌似有意义实则毫无意义的冲突当中。

在这一层次界限之外的文学领域，无论是"严肃"的还是流行的，终会被一种流派取代，与之相比，浪漫主义和自然主义都是那样的纯净、文明以及绝对的理性：这个流派就是恐怖故事。这一流派在现代的鼻祖是埃德加·爱伦·坡[1]；它的雏形或者说纯粹的美学表现则源自鲍里斯·卡洛夫[2]的电影。

流行文学在这一流派中更加张扬一些，主要以物质的畸形来表现恐惧。"严肃"文学则试图表现心里的恐惧，于是越发地远离人性；这恰恰显现了文学对于堕落的狂热崇拜。

无论是哪一种恐怖故事都表现某一情感的形而上学投影；这些恐怖都是盲目、纯粹、原始的。沉浸在这种恐怖当中的人一般都会将自己恐惧的东西融入创作中，以寻找暂时的解脱——例如野蛮人会把敌对部落的人塑成人像，就仿佛征服了

---

1 美国浪漫主义文学的关键人物。——译者注
2 英国恐怖片演员，其塑造的最经典的角色是弗兰肯斯坦的怪物。——译者注

它们。严格来讲，这不是形而上学的，而是完全心理学的投影；作家在这样的作品中并没有表现他们的人生观；他们根本就不是在探讨人生；他们其实在说的是他们感觉人生好像充满了诸如狼人、吸血鬼和弗兰肯斯坦一样的大怪物。就这一动机而言，这一类作品就更多地属于精神病理学而不是美学。

以史为鉴，浪漫主义和自然主义都无法在哲学的大崩溃中幸存。诸位当然可以找到一些反例，但是我讨论的是这两个流派作为广泛、动态、创造性的运动时的情形。由于艺术是哲学的表达和产物，艺术会第一时间折射出文化根基的空洞，也会成为第一个倒下的多米诺骨牌。

这极大地影响了浪漫主义，加速了它的没落和崩溃。这也极大地影响了自然主义，但是影响的方式不同，其破坏远没有在浪漫主义的领域那么迅速。

彻底砸毁了浪漫主义牌匾的暴徒就是利他主义。

由于浪漫主义的核心特征是对价值观的投影，尤其是对道德价值观的投影，利他主义在浪漫主义文学发展之初就开始在其中作祟。利他主义（除非在自我牺牲的前提下）无法实践，因此也就不能用具有说服力的方式以人的现实生活（特别是在心理动机领域）来投影和表现。将利他主义作为价值观和美德的标准的话，不可能勾勒出一个理想的人——那种"可能成为也应当成为"的人。浪漫主义发展史上贯穿始终的巨大遗憾就是没能展现出一个具有说服力的人物，即一个道德典范。

人们无不赞美的其实是维克多·雨果笔下人物的抽象意图——作者对人性高屋建瓴的观点——而不是他们实际的刻画。最伟大的浪漫主义者也从未成功地投影出一个理想的人，或者其他任何具有说服力的正派角色。《悲惨世界》中关于冉·阿让的大部分内容从始至终都是抽象的，没有整合进人物当中，尽管作者尽他所能地洞察相当深奥的心理学内涵。同一部小说中，马吕斯，据传可能是雨果的自传式人物，他的人物形象完全是依靠作者的叙述，而不是他自己表现出来的。从刻画的角度来看，马吕斯不是一个人，而是被社会的紧身衣束缚住的一个影子。雨果的小说中被刻画得淋漓尽致的人物，以及最有趣的人物都是有些反派的形象（他本善的人生观使得他无法塑造出一个十足的反派）：《悲惨世界》中的沙维、《笑面人》中的约夏娜、《巴黎圣母院》中的克洛德·孚罗洛。

陀思妥耶夫斯基（他的人生观和雨果的截然不同）作为一位有独到观点的伦理学者，对价值观的强烈渴求只有通过无情鞭笞他塑造的反面人物才能够抒发；他的反派形象所具有的心理学深度前无古人、后无来者。但是他在创造正面的道德范例的方面几乎一无是处；他在这方面的尝试都以失败告终（例如《卡拉玛佐夫兄弟》中的阿廖沙）。陀思妥耶夫斯基曾在《群魔》一书的最初想法中关键性地提到他的本意是将斯塔夫罗金塑造成一个理想的人——兼备俄罗斯文化、基督教教义和利他主义理想的人。但是当他的想法一步步成熟,这一意图在陀思妥耶夫斯基艺术逻辑的必然演绎中逐渐地偏离了上述方向。最终的结果就是小说中斯塔夫罗金成了最邪恶的角色。

在显克微支的作品《君往何方》中,作者塑造的最生动、最多彩的人物,也是小说中的主线人物,是佩特罗尼乌斯,罗马帝国衰落的象征——而维尼奇乌斯,也就是作者塑造的正派形象,象征着基督教的兴起,却沦为一个相当无力的角色。

这一现象——令人着迷的反派角色、丰富多彩的流氓地痞把故事从形象苍白的正面人物手中夺过来——在浪漫主义文学的历史中屡见不鲜,无论是严肃的还是流行的,贯穿着顶级的作品和最草根的作品。就好像在人类普遍采纳的利他主义准则的死壳之下,总阴燃着邪恶的火,它跳跃着、燃烧着,每隔一段时间就会突然爆发;然而这自信之火却不能施加于正派人物的身上,于是它就通过"反派"的某种负罪和愧疚侧面流露出来。

浪漫主义的最高目的——投影道德价值观——无论是在何种理性或非理性道德准则的指引下都十分困难,而且在文学史上,只有最高档次的浪漫主义者才有能力尝试这样做。加之以利他主义为代表的非理性准则又给这项工作增加了难度,大部分浪漫主义作家只好敬而远之——这就导致他们的作品中刻画的成分十分匮乏。而且,把利他主义应用于现实和人的实际存在是不可能的，所以很多浪漫主义作家用历史来逃避这一矛盾，例如他们把故事设定在很久的过去（比如中世纪）。正因如此，对行为的重视，对人性的漠视，以及动机的匮乏，都使得浪漫主义一步步与现实脱节——直到浪漫主义的残余最终演变为一个肤浅的、毫无意义的、"不严肃"的学派，彻底和人的存在失去了联系。

自然主义由于各种原因也经历了类似的瓦解。

尽管自然主义是19世纪的产物，它在现代历史中可以追溯到的鼻祖是莎士比亚。莎士比亚的作品中基本的假设就是人类不具有意志，人的命运是由天生的"悲剧性缺陷"决定的。但是即便是跟随着这一错误假设，莎士比亚依然是从形而上学入手的，并未使用纪实的方式。他的人物并不是来源于"现实生活"，他们不是我们看到的实体或者统计学求平均之后复制到文学作品中的：他们是宿命论者认为在人的本性中代代相传的包罗万象的抽象人格特征：野心、唯利是图、嫉妒、贪婪，等等。

很多著名的自然主义者都试图延续莎士比亚的抽象方式，即通过形而上学表达他们对人性的观点（例如巴尔扎克和托尔斯泰）。但是以埃米尔·左拉为首的众多自然主义者，如同反对价值观一样反对形而上学，于是开发了纪实的写作方法：记录人肉眼观察到的实体。

宿命论自身的矛盾在其发展之初就显露了出来。一个人假若不承认意志的假设,不承认小说故事的某些元素(某些抽象)是对他有益的,不承认他会发现、学习并沉思某种价值观,不承认读小说会影响他自己,就当然不会读小说。如果他完完全全接受宿命论的假设——如果他相信小说故事中的人物都是活在别的星系的,无论如何都不会影响他的人生,因为他们和他自己都没有选择的权利——他们一定还没有读完第一章就会合上书本。

那就更不必提写作。然而从心理学的角度来说,整个自然主义运动又都是建立在意志上的,只是将意志作为一个没有定义的、潜意识的"脱节概念"[1]。大部分自然主义者选取"社会"作为人的宿命的决定者,于是他们成为社会改革家,提倡社会变革。他们指出人无意志,社会有一定意志。托尔斯泰就一直宣扬人应该无条件屈从于社会的力量。在严肃文学中最邪恶的书《安娜·卡列尼娜》中,他抨击了人对幸福的渴望,呼吁人们都应与社会和谐统一。

无论他们的理论要求他们多么局限于实体,自然主义的作家依然需要发挥他们的抽象能力:要想创作"现实生活"的人

---

[1] 脱节概念是安·兰德自创的哲学术语,指那些作为其他概念的基础,却反而被否认的概念。例如,如果某学派否认物质,却提倡运动是一切的本源,则其实是没有意识到物质才是运动的基础,在物质的领域形成了一个"脱节概念"。——译者注

物，他们就需要选取他们认为重要的特征，把他们从琐碎的、随机的特征中分离出来。因此他们不得不用统计数据来代替价值观作为选择的标准：也就是说他们认为人类在统计学上普遍的特征就一定是有形而上学重要性的，一定代表了人类的本性；而那些稀罕少见抑或凤毛麟角的特点，就没有形而上学重要性，不能代表人类的本性。（参见第七章。）

一开始，自然主义者反对情节，甚至反对故事，关注刻画的元素——心理学感知是他们能够提供的最佳的价值观。然而随着统计学方法的不断成熟，这一价值观也逐渐萎缩：刻画被面面俱到的记录取代，被鸡毛蒜皮的罗列湮没，消失在公寓里的家什清单、服装清单和食品清单里。自然主义失去了莎士比亚或者托尔斯泰所努力达到的统一性，从形而上学的层次坠落到了就事论事的层次，眼界变得越来越窄，只能看到表面现象——直到自然主义的残余最终演变为一个肤浅的、毫无意义的、"不严肃的"学派，彻底和人的存在失去了联系。

诸多因素都决定了自然主义比浪漫主义存在的时间要久一些，虽然并没有久太多。其中最主要的就是自然主义的标准要宽松许多。一个三流自然主义者依然可以写出一些感知性的观察；但是一个三流浪漫主义者则必然让读者不知所云。

浪漫主义要求作家必须掌握小说的关键元素：也就是讲故事的能力——这就需要三种核心素质：真实感、想象力和戏剧性。这三者（其实还有更多）都会体现在情节与主题和刻画的整合之中。自然主义放弃了这些素质，只要求刻画，要求一个作家尽可能地用最无中心的叙述、最"无计划"（即无目的）的事件走向（如果还有任何事件可言的话）刻画。

浪漫主义作品的价值观需要由它们的作者创造；他不是按照任何人意愿创作的（因为他处在人类的高度上），他依靠现实的形而上学本质，依靠他自己的价值观。自然主义作品的价值观取决于特定的作家复制的人物所具有的人格、偏好和行为——他的水平就在于他对于他所复制形象的忠诚度。

浪漫主义小说的价值观体现在到底会发生什么事情；自然主义小说的价值观体现在这些事情确确实实发生了。如果浪漫主义者的祖师爷或者代表人物是中世纪在乡间游荡的行吟诗人，启发人们抬头去看那些面朝黄土背朝天的辛勤生活之上存在的无限可能的话——自然主义者的代表就是家长里短的闲聊（一位当代的自然主义者对这一点已经不打自招了）。

（最近）自然主义对艺术领域的席卷体现了少见多怪的道理；珍贵的石头要比普通的矿石吸引更多希望不劳而获的淘金者。浪漫主义的关键要素——情节，在被抄袭之后略加修改就可以欺骗读者，尽管它在拙劣手艺的雕琢下已经失去了它灿烂夺目的价值观。浪漫主义最早先的情节以各种变化形式被不停地借用，每一次复制就会失去许多色彩和内涵。

你可以将亚历山大·仲马的杰出剧目《茶花女》的戏剧结构与讲述妓女被夹在她的真爱和她的过去之间的不可胜数的故事——上至尤金·奥尼尔[1]的《安娜·克丽丝蒂》，下至好莱坞的诸多剧目（其实我想说的是下至尤金·奥尼尔，上至好莱坞）——相比较。浪漫主义的美学寄生虫毁掉了浪漫主义，把它的别具一格变成了陈词滥调。但是这些都不能掩盖原作者的成就；如果非要议论二者间的联系的话，那么这些恰恰说明了原作者的伟大。

自然主义却没有给那些抄袭者留有同样的空子。自然主义的关键要素——对于某一事件、某一地点的"生活片段"的表现——没有办法直接抄袭。作家无法抄袭托尔斯泰的《战争与和平》中所展现的1812年的俄国。他需要自己动脑，至少需要用他自己的观察来展现与他同一时空的人。虽然有些自相矛盾，但是自然主义在最低的层面上依然留存了一些创意空间，而这一点是浪漫主义不具备的。这样来看，自然主义对于那些希望能够在文学领域小有名气的作家是不错的选择。

然而自然主义这里依然有很多抄袭者（他们没有在浪漫主义者中那么明显），还有许多自以为是的庸才，尤其是在欧洲。（例如，罗曼·罗兰[2]看起来是自然主义者中焕发着浪漫气息的

1　美国表现主义文学家，1936年获诺贝尔文学奖。——译者注
2　法国著名作家，1915年获得诺贝尔文学奖。——译者注

一位,其实可以被划入那些低俗小报式的浪漫主义者。)但是在自然主义的顶端,也有许多文采斐然的作家,尤其是在美洲。辛克莱·刘易斯是他们中的佼佼者,他的小说展现出一流的开门见山的批判智慧。当代依然秉承自然主义的作家中最优秀的是约翰·欧汉拉,他结合了多愁善感的大智和斯斯文文的大雅。

就像19世纪孕育了天真纯净、乐观本善的伟大浪漫主义者一样,20世纪也孕育了优秀的自然主义者。前者是以个体为导向的;后者则是以社会为导向的。第一次世界大战标志着浪漫主义黄金时代的结束,也加速了个人主义的幻灭。(埃德蒙·罗斯丹在第一次世界大战后的流感大流行中病逝也许正是一个悲剧的象征。)第二次世界大战宣告了集体主义的破产,彻底破碎了建立一个"本善"的福利国家的渺茫愿景。接连爆发的两次世界大战用存在的方式昭示着它们在文学中的后果会具有何种心理学影响:人类没有哲学就不能生存,更不能写作。

在如今文学庸庸碌碌的蹒跚中,真的很难分辨哪一种更糟糕一些:一部用恋母情结解释偷牛贼行为的西部小说,或者让血腥、厌世、"现实主义"的恐怖扑面而来,以说明爱是一切的良药。

除了屈指可数的例外,如今已经没有真正的文学(和真正的艺术)了——更没有广泛的文学运动或是重大的文化影响。剩下的只有迷失方向的抄袭者,而他们能够抄袭的资源也几近干涸——还有那些只会吹牛不会写作的写手，他们所谓的声名只是昙花一现，每一次文化的崩溃都会诞生这样一类人。

浪漫主义的一些残余在流行媒体中还依稀可见——但是它们的形式已经面目全非，甚至方向都与浪漫主义本来的方向相悖。

这些浪漫主义残余所蕴含的意义（无论它们的作者是否）可以象征性地用几年前的《迷离境界》[1]系列短篇电视故事来投射。在另一个维度的某个未知世界，医生和社会科学家们一个个都穿着白大褂，心事重重地研究着一个和其他人不一样的女孩。许多人都躲着她，认为她是个疯子，是个不可能融入社会过上正常生活的怪胎。于是她要求科学家帮助她，但是所有整容手术都收效甚微——而现在科学家们在为她的最后一次机会准备着：又一次整容手术；如果手术失败了，她将永世如怪兽一般。科学家们纷纷用悲哀的语气说着这个女孩是多么需要成为一个正常人，需要归属，需要爱，等等。我们在片子中看不到人物的形象，但是我们能够听到在这最后一次手术的过程中，身影暗淡的医生们语气都是紧张、不祥、怪异的，而且毫无生气。医生们最后宣布，手术失败了，他们的同情显得有些虚伪，他

---

[1] 这个系列电视剧1959年至1964年在美国连播一百五十多集，也登陆了英、法、德等国家，收获许多好评。《迷离境界》是该系列的一个短剧，中文也译为《阴阳魔界》。——译者注

们说他们需要找到一个同样畸形的男孩，只有他才愿意一直陪伴着这个怪兽一样的姑娘。紧接着，镜头第一次切到了女孩的脸上：病床上的她安详地枕在枕头上，她的容貌有着沉鱼落雁的美。镜头又移到医生的脸上：那一排医生全都面目狰狞，他们的脸都不是人的容貌，而是扭曲的、畸形的猪脸，但是也只有猪鼻子还可以辨识清楚。这时画面渐渐淡出。

浪漫主义的最后残余一直都妄自菲薄地匍匐在文化的边缘，一直以差强人意的整容手术之后的形态示人。

由于要迎合那些猪鼻子的堕落，如今的浪漫主义一直在逃避，不是在历史中逃避，而是在超自然中逃避——公然抛弃了现实和我们生活的世界。他们所描述的那些激动人心的、戏剧性的、不同寻常的一切——根据他们的创作理念——都是不存在的；不要太认真，我们只是写点白日梦而已。

罗德·塞林，最具天赋的剧作家之一，一开始是一位自然主义者，他把许多争议性的纪实事件写进作品，完全客观地展示各方观点，避免个人的价值判断，细致入微地剖析小人物——当然，他笔下的人物跟常人不同的一点在于，他们在对话中都出口成章，字字句句都经得起推敲，而"现实生活"中的人不会这样对话，虽然他们应该这样对话。很明显是由于他希望给他想象力和戏剧性留有更大的空间，罗德·塞林投靠了浪漫主义——但是他在《迷离境界》中把他的故事设在了另一个维度。

埃拉·雷文[1]的处女作(《死亡之物》)就具有相当高的水准，他最近又发表了《罗斯玛丽的婴儿》，这部作品得以逾越中世纪的物质标签，直击那个时代的内核，(十分严肃地)把巫术放在现代社会的环境中来描写；原版的无沾怀胎[2]故事，由于跟上帝相关，在当今的学术界可能被认为只是一个宗教派别的信仰而已，雷文的这部小说则围绕着魔鬼主导的无沾怀胎的故事。

弗雷德里克·布朗[3]是一位思维独特的作家，他曾经实践过许多把科幻小说转化为关于自然或者超自然阴谋故事的点子；不过他现在已经不写作了。

阿尔弗雷德·希区柯克[4]，最后一位努力维持自己电影的高度和深度的制片人，由于对崩坏和恐怖的过分强调，也背离了浪漫主义。

这就是在当今的情况下，那些具有非同寻常想象力的人表达他们追求生活乐趣的方式。浪漫主义——为抗争原始的罪恶而生，作为自信的奔涌洪流——最后却只能在蹒跚的后人的指尖淌过，这些后人的手无不握着已经屈服于罪恶的笔。

我不是想暗示这种屈服是有意识的怯懦。我不这样认为：

---

[1] 美国作家。——译者注
[2] 指圣母还是处女却生育了耶稣，这是基督教的一大争议之处。——译者注
[3] 科幻小说作家。——译者注
[4] 好莱坞电影艺术大师。——译者注

现在的情况已经够糟的了，没必要夸大其词。

上述的就是如今的美学界。但是只要人类存在，对艺术的需求就会存在，因为这一需求的形而上学基础扎根于意识的本质——它一定能挺过这段非理性君临天下、为所欲为，人们只能创作出低俗的艺术碎片来满足艺术需求的时期。

社会就像个人一样：灾难可以从潜意识中降临，但是解药却不能来自潜意识。无论是对于社会还是个人，都只有知识可以创造出解药，也就是只有意识充分理解的、外显的哲学才能充当解药。

哲学的复兴何时到来，我无可奉告。任何一个人都只能找到一条道路，但是却无法定义这条路的长度。但是有一点是确定的，那就是西方文化的方方面面都需要全新的伦理法则——理性的伦理法则——才有可能带来哲学的复兴。也正因如此，艺术比任何一个其他方面都需要新的法则。

在理性和哲学的复兴之后，文学会成为第一只涅槃的凤凰。然后有了理性价值观的武装，明晰了自己的本质，充满了对自身无上的重要性的自信，浪漫主义终有它腾飞的一天。

1969年5—7月

七　当今的美学真空

在19世纪之前，文学一般把人描绘成十分无助的存在，人的生命和行为都是由他无法控制的力量所决定的：要么是希腊悲剧中的命运和神，要么是莎士比亚作品中天生的弱点，也就是所谓"悲剧性缺陷"。作家认为人在形而上学的层面上是乏力的；他们的基本假设是宿命论。基于这个假设，作家不可能投影出人可能如何；他们只能记录现状——编年体的记录于是成了一种作家争相使用的文学体裁。

人作为有意志力的存在直到19世纪才第一次出现在文学中。这类作品的体裁叫作小说——这类作品所形成的运动叫作浪漫主义。浪漫主义认为人有能力选择自己的价值观，达到自己的目标，把握自己的存在。浪漫主义的作家不记录已经发生的事件，而是表现应当发生的事件；他们不记录人已经做过的选择，而是表现人应当去做的选择。

但随着19世纪后半叶神秘主义和集体主义的复辟，浪漫主义小说和浪漫主义运动都渐渐遁形于文化舞台。

人在艺术领域的新敌人是自然主义。自然主义反对意志的概念，倒退回了人是由他无法控制的力量所决定的无助存在的观点；仅有的区别在于，现在命运的主宰变成了社会。自然主义者宣称价值观在人生和文学中都无法立足，作家必须以人的"本来面目"来表现人，也就是说：必须记录他们目之所及的事件——他们既不能声明自己的价值判断，也不能表现抽象概念，必须止步于已存在的实体，充实地反复书写它们。

这就等于倒退回了编年记录所基于的文学方法——但是由于小说是原创的记录，小说家就必须面对以何种标准来选择材料的问题。如果价值观真的在彼岸，那么作家又如何知道应该记录什么，什么是重要而有意义的呢？自然主义者通过将价值标准偷换为统计数据来解决这一矛盾。某一地理范围和时间区间中，在足够广泛的人群里典型的特征，就等同于形而上学中意义重大的、应该记录的特征。同理，稀有的、与众不同的、超常的特征，就等同于不重要的、不真实的特征。

就像新兴的哲学学派逐步地否定哲学一样，自然主义也否定艺术。自然主义者以纪实的观点对待人和存在，而不是用形而上学的观点。当被问到"人是什么"的时候——他们回答："人就是1887年法国南部一个村庄里的食品贩子。"或者："人就是1921年蜗居在纽约贫民窟里的平民。"或者："人就是隔壁的那些哥们啊。"

艺术——形而上学的整合者，人类包罗万象的抽象概念的实现者——于是萎缩至了一个单调乏味、受限于实体的傻瓜的层次，他可以从不观察除了自己生活的地方之外的东西，也不关心除了自己这一秒的生存以外还有什么。

自然主义的哲学根源不多时就暴露在光天化日之下。首先，客观的标准被偷换成了集体的标准，客观主义认为超常的人是不可能存在的，于是只表现那些在某些人群中典型的人。然后，由于他们目之所及之处潦倒要多于繁荣，他们便开始认为繁荣是不可能存在的，于是只表现潦倒、贫穷、贫民窟和下等人。再然后，由于他们目之所及之处平庸要多于伟大，他们便开始认为伟大是不可能存在的，于是只表现平庸、碌碌无为、千篇一律的普通人。由于他们目之所及之处失败要多于成功，他们认为成功是不可能存在的，于是只表现人类的失败、挫折和丧志。由于他们目之所及之处痛苦要多于幸福，他们认为幸福是不可能存在的，于是只表现事物痛苦的一面。由于他们目之所及之处丑陋要多于美丽，他们认为美丽是不可能存在的，于是只表现事物丑陋的一面。由于他们目之所及之处的恶要多于善，他们认为善是不存在的，于是只表现恶、罪行、腐败、堕落和道德沦丧。

现在我们来看一看现代文学。

人——人的本质，人性中具有形而上学重要性、具有意义的元素——在如今的文学作品中是以酒鬼、吸毒者、性变态、杀人魔和神经病为代表的。现代文学的题材基本上是：一个满脸大胡子的女人对一个搞马戏团杂耍的笨蛋的暗恋；或者孩子先天左手生有六指的已婚夫妇面临的凄惨状况；或者一个十分有教养的年轻人却无法说服自己不去公园里谋杀路人，而他杀人纯粹是为了好玩。

所有这些都披着自然主义"生活片段"或者"现实生活"的外衣——但是这件老旧的外衣早已衣不蔽体。一个统计派的自然主义者以及他们的弟子所不能回答的常见问题是：如果依据伟人和天才在数量上的稀少，他们不能代表人类，那么疯子和怪物又怎么能代表人类呢？为什么满脸胡子的女人比天才更有普遍的意义呢？为什么杀人犯是值得研究的，但是天才不是呢？

无论自然主义这样做是有意识的还是无意识的，答案其实就在自然主义最基本的形而上学假设中：作为现代哲学的副产物，最基本的假设就是反人类、反思维、反生活；作为利他主义的副产物，自然主义是对道德判断的疯狂逃避——一种有关怜悯、忍耐和饶恕的旷日持久的哭号。

文学的车轮不停地旋转着。人们今天看到的自然主义已经不是自然主义了，而是象征主义；对人的形而上学观点已然取代了纪实的、统计学的观点。但是这是带有原始恐惧的象征主义。根据我们现在所感受的观点，堕落代表了人真实、基本、形而上学的本质，而美德不能；美德永远都是意外、例外、出离于现实之外；因此，怪物可以表现人的根本性质，然而英雄不能。

浪漫主义也没有把英雄表现为统计学上的平均，而是把英雄作为人类最高、最优异的潜质的抽象，这涵盖所有人，所有人都可以根据自身的选择、在不同的程度上成为这样的一个英雄。由于同样的原因，使用同样的方式，然而却基于截然相反的形而上学假设，当今的作家没有将怪物表现为统计学的平均，而是把它作为人类最下贱、最邪恶的潜质的抽象，他们也认为所有人都可以成为这样的一个怪物，所有人本质上都是这样的一个怪物——其实他们不认为怪物的性质仅仅是潜质，却是潜藏的现实。浪漫主义者的英雄"大于现实中的人"；而现在，怪物恰恰"大于现实中的人"，或者不妨这样说，人被描绘得"小于现实中的人"。

如果人坚持理性的哲理，包括坚信他们具有意志，那么这些小说中的英雄人物便能够引导他们、启发他们。如果人坚持非理性的哲理，包括坚信他们只是无助的傀儡，那么这些小说中的怪物形象便会让他们进一步地相信自己的看法；于是他们会觉得："你看，我还没有那么糟嘛。"

把人描绘成可憎的怪物所带来的哲学意义和实际利益就在于对道德空头支票的追逐和需求。

现在来看看这样一个有趣的矛盾：主张集体主义的美学家和学者，认为每个人的价值观和生活都应该服从"大众"，认为艺术是"人民"的呼声——同一拨学者却恰恰对艺术中的一切流行价值观嗤之以鼻。他们视大众传媒和不知道使用了什么招数就吸引了大批观众、并长久保持娱乐性的所谓"商业"艺术出品人如敝屣。他们要求政府补贴那些"人民"不喜闻乐见、不自觉参与的艺术形式。他们觉得任何在经济上成功的，也就是流行的艺术作品都无可置辩地是三俗的、毫无价值的，同时那些不流行的艺术、失败的艺术都是伟大的——因为它们都晦涩难懂。他们断言，任何能够被轻易理解的事物都难登大雅之堂；只有不知所云的文字、画布上的涂鸦以及收音机里静电的声音才是教化的、智慧的、高深的。

某个艺术作品的广泛流行还是无人问津、票房的旺收还是失败当然都不是其美学价值的标准。任何价值——美学的、哲学的或是道德的——都不能通过数人头来计算；五百万法国人的判断也有可能和一个法国人一样愚蠢。但是既然一个什么都不懂的"乡下佬"认为经济上的成功就能够证明艺术价值会被认为是思维僵化的艺术寄生虫——而那些认为经济上的失败能够证明艺术价值的人又有何道理、是何居心呢？如果盲目相信经济上的成功是应该摒弃的，那么盲目相信经济上的失败又怎么解释呢？我相信各位读者都有自己的评判。

如果你还不清楚现代哲学和现代艺术将你引向何方，你可以观察一下你身边由现代哲学和现代艺术所导致的各种征候。文学倒退回了工业革命前，回到了纪实的风格——有关"真实"的人的杜撰，比如说政客的、棒球运动员的以及芝加哥黑帮的，已经取代了舞台、银幕和电视上那些天马行空的虚构想象，成了主流——报告文学竟然也觊觎最受追捧的文学形式的地位。绘画、雕塑和音乐中，如今的潮流和模式也都与人类的蛮荒时期无异。

如果你反对理性，如果你宁愿相信江湖骗子的欺世之言，例如什么"理性是艺术的宿敌"，还有"理性的冷酷魔爪肢解了人类无拘无束的想象，并抛尸荒野"——我建议你注意以下的情况：通过拒绝理性，毫不掩饰地听命于自己脱缰的感情（或者不如说是幻觉），那些存在主义者、禅宗的佛门弟子、非客观的艺术家，均没有达到无忧无虑、无拘无束的幸福人生观，而恰恰陷入了天旋地转、天昏地暗的恐怖人生观。然后你可以再看一看欧·亨利的短篇小说，听一听威尼斯轻歌剧，告诉自己这些都是19世纪的残余——那是一个被理性"冷酷魔爪"控制的世纪。那么你可以问一问你自己：哪一种精神认识论是对人有益的呢，哪一种是与现实的存在和人性的本质所契合的呢？

就好像人的美学喜好是他形而上学价值观的总和，是他灵魂的晴雨表一样，艺术也是文化的总和和晴雨表。现代艺术最有力地体现了当今的文化破产。

1962年11月

八　不可告人的浪漫主义

艺术（包括文学）是文化的晴雨表。它反映了社会最深层次的哲学价值观：不是社会高举的旗帜和高喊的口号，而是它对人和对存在的实际观点。整个社会的形态不可能在心理咨询师的沙发上徐徐展开，展示出赤裸的潜意识；但是艺术却完成了这个任务——艺术几乎就是社会的心理咨询师，它可以比诊断任何心理状况都简单和有力地诊断我们的社会。

这并不意味着整个社会无时无刻不遭到那些选择在艺术领域招摇撞骗的庸才的绑架；但是同时，这也确实意味着如果没有任何更优秀的人才选择进入艺术领域，社会将会处在一种什么状态就可见一斑。总有一些天才试图反抗他所处时代的主流艺术潮流；但是了解他们为什么能成为天才，其实就等于在管窥那个时代。事实上，所谓主流并不一定能够代表所有人；它可能被许许多多的人排斥、鄙视、忽略；但是只要它是某个时期最主流的声音，这就给我们提供了当时人们的一些信息。

在政坛，那些终日惶惶不安、竭力推销现状的政治家，在集权政治攀升的洪流中死死抱住了摇摇欲坠的混合式经济的法宝。他们现在认为我们的世界没有一丁点儿问题，我们正处在一个进步的世纪，我们身心健康，我们从未如此完美。如果你觉得这样的政治话题太复杂的话，那么你可以看一看当今的艺术：你一定会发现我们的文化到底是依然健康还是已经生了病。

当今艺术中塑造的形象一言以蔽之就是一个被流产的胚胎，四肢好像人的一样，他的手臂扭曲地挥动着，好像要抓住那穿不透无底洞的渺茫光线，他呜咽着、叹息着，在血泊中蠕动着，唇齿间淌着的鲜血甩在他诡异的脸上，他时不时会停下来，抬起他残疾的胳膊，面对着恐怖的世界厉声哭号。

连续数代的反理性哲学家造就了主导现代人人生观的三大情感：恐惧、内疚和悲悯（准确地说是自卑）。恐惧是人失去赖以为生的手段，也就是丧失理智时的情感；内疚是人缺乏道德价值观时的情感；悲悯是逃避前面二者的方式，是人能产生的唯一反应。一个敏感的、有判断力的人，尽管浸泡在上述环境中，依然不会在艺术中表达这些，但是其他人则不是如此。

恐惧、内疚和寻求悲悯结合在一起形成了对艺术发展趋势的一致推力，艺术家于是就根据这一趋势表达、证实、推演他们的个人情感。为了证实持续的恐惧，艺术家不得不用最邪恶的方式抒写现实；为了逃避内疚的心理、激发悲悯，艺术家不得不以最无力、最令人作呕的方式抒写人物。因此现代艺术家争先恐后地寻找最堕落、最让人厌恶的存在——耸人听闻，让读者、欣赏者几乎无法直视他们的作品。因此他们你追我赶地搜寻痛苦，热衷于从酗酒、性变态到吸毒、乱伦、精神病、杀人魔、同类相食的种种方面。

为了阐释这一趋势的道德内涵——也就是对罪恶的悲悯即是背叛纯真——我想引用一段影评，它褒扬了最近一部呼吁大众同情绑匪的电影[1]。"这两位绑匪从被绑架的孩子手中抢走了观众的注意力，当然还有观众的迫切渴望。"影评中提到，"事实上，他们的动机也并没有被明确指出，而是留给了观众自己的分析以及心理学的评判。但是影片的交代已经足够让我们对这两位出色的绑匪感到痛心和同情。"（《纽约时报》，1964年11月6日）

如今的剧作家正刮着腌臜的下水道淤泥，既没有营养，也

---

1 此电影为《雨天的迎神会》，1964年由英国导演布莱恩·福布斯自编自导的惊悚片。电影讲述了自认为通灵的麦拉指使丈夫比利诱拐一位富家少女，再由她的"神力"找回，企图通过这出闹剧获得知名度。结果她的计划最后由于她心理崩溃而功亏一篑，但幸好孩子毫发无损。电影被提名奥斯卡奖，并在2000年以日语翻拍。——译者注

没有深度。在文学领域，他们真的不可谓不是绞尽脑汁。没有什么东西能够比下面的内容更让人笑掉大牙。我是一五一十地从1963年8月30日的《时代》杂志上复制过来的。大标题是"读书"，小标题是"好书推荐"，然后下面赫然写着："君特·格拉斯的系列大作《猫与鼠》。畅销小说家格拉斯（著有《铁皮鼓》）在本书中讲述了一位深受凸出的喉结困扰的年轻人，被同学视为怪人。他使出了浑身解数，最后也小有成就，但是对于'猫'——社会——而言，他依然是一个异类。"[1]

但是这一切都真的不是戏谑。有一个法国的老剧场就是专门表演戏谑主题的。它叫作"大木偶剧场"。但是今天，大木偶剧场的精神被上升到了形而上学的系统当中，被大众严肃地看待。那么，什么东西没有被严肃看待呢？答案就是对人类美德的张扬。

也许有的人会觉得难以自拔的悲从中来就已经够糟的了，或者蜡像馆式的人生观就已经够糟的了。但是还有一种情况来得更糟，而且在道德上更加罪恶：近期一些人有杜撰"戏谑式"惊悚剧情的企图。

---

[1] 安·兰德以此讽刺格拉斯的小说。君特·格拉斯是德国小说家、诗人，获得1999年诺贝尔文学奖，被誉为德国在世的最著名作家。《铁皮鼓》和《猫与鼠》都是格拉斯所著《但泽三部曲》中的小说，格拉斯的支持者认为《猫与鼠》的故事主要挖掘了集体的压力下孤独者的命运，甚至将小说的主题升华为对德意志民族为何会诞生纳粹主义的思考。——译者注

下水道艺术流派的问题就在于恐惧、内疚和悲悯都是容易弄巧成拙的死胡同：在最初的几次"人性堕落的大胆揭露"之后，人们就对其他类似的内容产生了免疫，不再少见多怪了；在产生了几次对堕落的、畸形的、痛苦的人的悲悯之后，人们就开始麻木了。就像现代的"理想主义者"一贯秉承"去商业化"的经济原则，却反而一直只追求功名一样，现代"艺术家"一贯秉承"去商业化"的美学原则，却反而一直只追求占领商业（即流行）艺术的制高点。

所谓"惊悚故事"基本是指侦探、间谍或者探险故事。它的基本属性是冲突，也就是说：目标的不一致，也就是说：以价值观为导向的有目的行动。惊悚故事是浪漫主义艺术流派在流行领域的分支和产物，它不认为人面对命运是无能为力的，而认为人具有意志，人可以主导自己的价值观选择。浪漫主义就是一个以价值观为导向、以道德为中心的运动：它的题材不是鸡毛蒜皮的纪实，而是抽象，是要素，是人性的普遍规律——其最根本的文学原则就是描写人"可能成为也应当成为的样子"。

惊悚故事是浪漫主义文学的一种简化的、初始的情况。它不关注价值观的勾勒，而是以既定的价值观为基础，重点挖掘人的一个与道德相关的方面：正义和邪恶的斗争中有目的的行动——戏剧化的抽象概念所具有的基本模式为：选择、目标、冲突、危机、斗争、胜利。

但惊悚故事只是幼儿园的算数而已，文学界那些高踞顶峰的小说作品才是高等数学。惊悚故事只是骨架——只是情节架构——浪漫主义文学则具有血肉和思维。雨果和陀思妥耶夫斯基的小说情节就是纯粹的惊悚情节，他们的层次却远非那些惊悚故事的写手所能及。

在当今的文化中，浪漫主义艺术已经彻底消弭了（除了屈指可数的例外）：浪漫主义所需要的对人的观点与现代哲学相悖。浪漫主义的最后残余也在流行艺术的领域转瞬即逝，它们就好像是迷雾中的昙花。惊悚故事成为很多已经在现代文学中消失的属性的一个庇护所：生动性、色彩、想象力；它们像是一面镜子一样，依旧执着地映照着早已远去的人。

当你揣度那些试图以"戏谑"的写法来写惊悚故事的人的意图时，一定要记住我在上一段中提到的话。

幽默不是在所有情况下都是一种美德；这取决于它施用的对象。取笑那些应该鄙夷的东西，当然是美德；但是取笑真善美则是一种不可饶恕的罪恶。在太多的时候幽默只是为了伪装道义上的怯懦。

基于这一点，有两种怯懦值得一提。一种人不敢说出他对他身边的一切的憎恨，于是便寻求用自己的一笑来讽刺一切价值观。他不愿意与人恶言相向，然后一旦有人揪住他不放他就会以此脱身："哎呀，我只是闹着玩的。"

另一种人不敢摆出他的价值观，于是便寻求用自己的一笑来偷偷地让自己的价值观潜移默化地感染身边的人。他一般见好就收，然后只要有人反对，他一定拔腿就跑，临走还不忘强调："哎呀，我只是闹着玩的。"

前者，幽默是为了抹掉自己的恶；后者，幽默是为了抹掉自己的善。那么哪一个在道德上是更加令人不齿的呢？

这两类例子结合起来就可以解释"戏谑式"惊悚故事的现象了。

这些故事在耻笑什么呢？它们耻笑价值观，耻笑人对价值观的追求，耻笑人追逐价值观的本能，耻笑英雄。

无论它们的作者有意识或无意识地具有怎样的动机，这些惊悚故事自身就传递了一个信息，隐含在它们的本质之中：激发人们探索的兴趣，在旷世的斗争中设置诸多悬念，以人的潜能启发人，以英雄般的勇气、灵敏、耐力和无法动摇的正气鼓舞人，让人们为他的凯旋而欢呼，然后对着人们啐上一口痰，告诉他们："这么认真干吗——我只是开玩笑的——我们，无论是你还是我，都算什么啊，我们除了成为人渣之外还能追求什么呢？"

这些惊悚故事为什么要伪装呢？因为下水道艺术的泛滥。在当今的文化中，胸无点墨的人倒用不着伪装自己。反而是一些文人匍匐在地上，喊着："我真的不是这个意思！我开玩笑的！我从来都没有糊涂到崇尚美德啊，我从来都没有懦弱到为价值观而斗争啊，我从来都没有罪恶到追求理想啊——我跟你们是一样的啊！"

惊悚故事在社会中的现状暴露了一个文化的鸿沟——在大众和所谓"知识领袖"之间的鸿沟。大众极度地渴望一束浪漫主义的光芒，这一点在米奇·斯皮兰和伊恩·弗莱明的大红大紫中可见一斑。还有成百上千的惊悚作家，跟随着现代的人生观，杜撰着不堪入目的故事，都是坏人和坏人的恶斗，这样的斗争颇有五十步笑百步的意味。这些作家都没有米奇·斯皮兰和伊恩·弗莱明那么多热情、专一甚至可以说是沉迷的追随者。这并不意味着斯皮兰和弗莱明的小说表达出的就是无懈可击的理性人生观；他们都或多或少地受到了犬儒主义和如今风靡的"崩坏的世界"的影响；但是他们尽管使用了截然不同的方式，却殊途同归，都突显了浪漫主义小说的核心元素：麦克·哈默[1]和詹姆斯·邦德[2]是英雄。

这一普遍的需求却恰恰是今天的所谓知识分子无法理解的，他们从未试图填上这样的一道鸿沟。他们是破败的、腐坏的、被阉割过的"精英"——在大众的沉默中，这些井底之蛙悄悄地

---

[1] 米奇·斯皮兰笔下的英雄人物。——译者注
[2] 伊恩·弗莱明笔下的英雄人物。——译者注

潜入了那空无一人的画室，悄悄地埋伏在剧场的大幕背后，也埋伏在光线、空气、文字和现实的背后——今天的知识分子被他们多年来受到的利他主义、集体主义的教育蒙蔽：于是认为大众都是什么都不懂的乡巴佬，而他们作为所谓学者需要代表他们的"声音"（为他们当家做主）。

我们可以看一看他们是多么争先恐后、毫不怠慢地追求"民间"艺术，追求蛮荒的、低俗的、未开化的艺术——或者他们拍摄的那些粗俗的电影，每一帧都大大地写着"色欲"，把人描写成色情的动物。在政治上，由于任何一个还未被蒙蔽的个体的出现都是他们的威胁：他们就高唱起集体主义的旋律。在道德上，每一个符合英雄条件的人也都是他们的眼中钉；每一个这样的人都动摇着使得他们蜷缩在下水道里的口号："我这是不得已而为之！"他们的世界观无法包容那些希望成为英雄的人。

《电视指南》（1964年5月9日）中的一篇有趣的小文章可以作为上述文化鸿沟的一个缩影——也可以说是现代文化悲剧的冰山一角。这篇文章的标题是"暴力真的可以很有趣"，小标题也引人注目："在英国，所有人都在嘲笑《复仇者》[1]，不过此节目的观众除外。"

《复仇者》是一部相当成功的英国电视连续剧，它讲述了特

---

[1] 英国电视剧，共六季，现存一百三十多集。——译者注

务约翰·斯蒂德和他貌美的助手凯瑟琳·盖尔的历险——"每一个情节都是那样的平易近人,"文章说,"《复仇者》在一夜之间就家喻户晓,斯蒂德和盖尔也迅速成为专有名词,走进了千家万户。"

但是最近"此节目的制片人约翰·布莱斯披露了这样一个隐情:《复仇者》的本意只是想讽刺那些谍战片,但是英国民众很明显太认真了"。

而这一消息披露的方式却让人意想不到。"《复仇者》一直在竭力隐瞒它讽刺片的身份,为了隐瞒这一事实,它甚至发动了整个英国电视业。其实它还可以隐瞒得更久一些,但是另一个电视节目《批评家》在讨论中提到了《复仇者》……"其中一位批评家——完全出乎旁人的意料——宣称"其实大家都已经发现《复仇者》一直都在讽刺"。但的的确确,没有人注意到这一点,不过之后《复仇者》的制片人又证实了这一消息,"心痛地"责备民众一直都在用错误的方式理解节目的本意:于是讽刺片却没能博得笑声。

读者要切记的是,创造浪漫主义的惊悚故事绝非易事:这需要炉火纯青的技巧,以及独创新颖的想象,还有极强的逻辑性——其过程中的每一环都必须具有这些能力,无论是制片人,还是导演、作家、演员——所以所谓他们在整整一年的时间内保守秘密、欺骗了民众的说法根本是站不住脚的。有些人的无耻价值观暴露无遗，而且最后还把一切的错栽赃给民众。

很明显，当今知识分子蜂拥着想挤上惊悚故事的马车是由于詹姆斯·邦德的成功塑造。但是受现代哲学的蛊惑，他们正企图劫持这驾马车，然后摧毁它。

如果你还是觉得大众传媒的出品人还是主要受商业利益驱使的话，仔细想想你的推理，然后看看詹姆斯·邦德系列的出品人到底有没有以利益的最大化为本位。

和某些人居心叵测的讹传恰恰相反，惊悚片起初并不是这么"戏谑"，例如《不博士》。此片是浪漫主义在荧屏上的巅峰之作——无论是出品、导演、脚本，还是摄影，尤其是肖恩·康纳利[1]的演技，都堪称典范。肖恩首次在荧屏上亮相就成了一个兼备演技、文气、智慧和谦逊的明星：当别人问起他的名字的时候，我们看到了他的第一个特写镜头，然后他轻轻地答道："邦德，詹姆斯·邦德。"——我看的那一场，观众爆发出了如潮的掌声。

他出演的第二部电影《俄罗斯之恋》则没能博得这么多掌声。片中，邦德一出场就在和一个很煞风景的泳衣姑娘热烈地接吻。故事交代得十分模糊，很多地方不知所云。弗莱明式的高潮所具有的极富技巧的戏剧悬念也被传统的方式所取代，比如毫无心意的追逐战，除了纯粹的格斗之外别无其他。

---

1 苏格兰演员，曾饰演詹姆斯·邦德。——译者注

我还是会去看此系列的第三部,《金手指》,但是我内心已经有了些不祥的预感。不祥的预感是来自将三部小说搬上银幕的理查德·麦鲍姆最近发表的一篇文章(《纽约时报》,1964年12月13日)。

"弗莱明对于他的选材(阴谋、技巧、暴力、爱情、死亡)采用了极端戏谑的态度,而这一点恰恰在那些只喜欢黑色幽默的观众中引发了不错的反应。"麦鲍姆先生说,"而且整部电影也恰恰就是围绕着弗莱明的思路发展的。"也许他对浪漫主义惊悚故事的了解——以及对弗莱明的了解——就仅限于此了吧。

至于他自己的作品,麦鲍姆先生如是说:"我是不是很久没有见过还有些底线的剧作家了呢?如果我有底线的话,我一开始就根本不会把邦德的系列搬上银幕。除此之外,故事倒是挺有趣,至少我说服自己这样认为。"

读者关于这样的言论背后的伦理内涵一定有自己的判断。注意那个写关于"两位出色的绑匪"的电影的作者也没觉得自己触及了什么底线。

"詹姆斯·邦德的刻画……"麦鲍姆先生继续写道,"其实相对小说也有了很大改动。电影中的人物维系了弗莱明笔下的超级侦探、超级打手、超级享乐主义者和超级情人的形象,但是却增加了一个重要的特质:幽默。幽默贯穿在各种让人忍俊不禁的台词和各种关键的情节中。在小说中,邦德十分缺乏这一点。"只要你看过小说,你一定会发现这样的说法完全是无稽之谈。

还有:"有一天有个聪明的年轻出品人跟我说'我要模仿詹姆斯·邦德系列写一部电影'。我心里便问道,你如何模仿一个已经几乎是推翻重来的作品呢?因为这部电影也仅仅是取材自弗莱明的小说而已,并不是荧屏的复刻。我不知道伊安自己有没有意识到这一点。"

这就是一个才华横溢、如日中天的作家用自己的名气提携起一大批原本默默无闻的工作者,也让他们赚到了一大笔钱之后,获得的评价。

读者应该注意,一旦遇到惊悚故事和幽默的问题,当今的知识分子总是用"幽默"作为双关词,把两个不同的含义"打包销售",用本意掩护着必须被隐藏起来的内涵,植入人们的思维。他们的目的就是要消除"幽默"和"嘲弄"的区别,尤其是和自嘲的区别——这样就可以说服人们放弃价值观,放弃自尊,因为如果不这样做就是缺乏"幽默感"。

幽默不是无条件的美德,它的适当与否取决于它作用的对象。读者应该与故事中的主人公一起欢笑,但是不应该肆意嘲笑他——这就好比一篇讽刺文章从来都是讽刺别的东西的,而从不讽刺它自身。

在弗莱明的小说中,詹姆斯·邦德一直保持着幽默的形象，这使得他充满了人格魅力。但是很明显麦鲍姆先生口中的"幽默"并不是这个意思。他其实指的是将幽默凌驾于邦德之上——换言之就是用幽默来贬低邦德的形象，让他显得十分荒唐：这样就可以毁灭他了。

这就是一切"戏谑"惊悚故事不得不面临的矛盾——这样的道德沦丧永远伴随在这类作品周围。如果一则惊悚故事想在观众中获得好评，其创作者就必须具有惊悚故事所通常传达的价值观，但是随后他们又推翻了这些价值观，这样就等于失去了他们所原本立足的土地。他们用他们所蔑视的东西谋取利益，利用观众对浪漫主义的渴求而赚钱，却时刻想摧毁浪漫主义。这种方式并不是讽刺：讽刺作品不会基于它所反讽的价值观；讽刺作品会用相反的价值观来驳斥其想推翻的价值观。

当今的知识分子之所以在精神认识论的方面深陷泥沼，主要是因为他们无法理解浪漫主义的本质和感染力。正因为他们总是用这种受限于存在的、偷换概念的方式分析问题，他们才会忽略连最下层的工人都能够理解，而美国总统先生可以不费吹灰之力享受的抽象含义。正因为他们用所谓现代的方式分析问题，他们才会抗议说惊悚故事里讲的事情都是不可置信的，不可能发生的，现实中根本就没有英雄，"生活并非如此"——上述的这些实际上都是完完全全无关的。

从没有人要求读者用最字面的方式理解惊悚故事，也从没有人要求读者去关注每一个细节，更没有人要求读者成为间谍或者私家侦探。惊悚故事的关键在于它们的象征；它们将人最包罗万象也最重要的抽象概念戏剧化：这个抽象概念叫作道德冲突。

人在惊悚故事中追寻的是人的潜能：人具有为了自己的价值观而奋斗并最终达到目的的能力。读者看到的是一个压缩、程式化、以要素串联起来的模式：一个人为了一个重要的目的而奋斗，克服了一个又一个的困难，面对着无穷的困难和危机，在折磨和斗争中坚持不放弃——最终获得胜利。惊悚故事从不把人生简化，使之变得"不现实"，惊悚故事不断地重复着努力奋斗的重要性；由于正派"大于现实"，反派和危险也大于现实。

任何一个抽象概念都必须"大于现实"——才可能涵盖现实中的人所关心的各类存在，而具有不同的价值观、目标和愿景的人关心的事物也不同。变量有很多，但是其中的心理机制是不变的。普通人面对的困难对于他们自身而言，与邦德的上刀山下火海没有本质的区别；而邦德的存在就告诉他们："你们一定可以。"

人在真善美的最终胜利中获得的是在自己的道德冲突中奋力为自己的价值观抗争的勇气。

如果有些人偏偏确信人本性的无能，偏偏追求不作为带来的虚假安全感，然后质问说："生活不是那样的，不是每个人都能得到故事中的完美结局。"回答就是：惊悚故事的存在观恰恰要比这些质问惊悚故事是否现实的人给出的存在观更加现实，它昭示着想要达到完美结局的必经之路。

我们这里遇到了一个有趣的矛盾。之所以自然主义者认为浪漫主义者是"逃避现实"，恰恰是因为他们自身的肤浅；肤浅地来看，浪漫主义好像确实是用辉煌的愿景抵消"现实生活"的重负。但是更深入地来看，用形而上学的、道德的、心理学的眼光来看，自然主义其实才是一种逃避——逃避选择、逃避价值观、逃避道德责任，而浪漫主义才能够教人面对生活中的种种挑战。

由于每一个人的意识是封闭的，他从不会把隔壁家的小伙子认成自己，除非他精神错乱了。但是小说中英雄人物具有的广义的抽象概念使得任何一个人都大可认为自己就是詹姆斯·邦德，再把自己的现实补充于这一抽象概念周围。这并不是一个有意识的过程，而是一种情感整合，而且很多人已经意识到这就是他们从惊悚故事中获得快感的原因。他们从英雄人物身上所得到的不是什么可以依赖的领导或者保护，因为英雄人物在故事中所做的事情大多数是为自己而做的，而不是为社会上所有人而做的。所以人们得到的东西是十分个人的：自信，以及自主。受詹姆斯·邦德的启发，一个人可能会突然获得和他妻子的亲戚们对他不公的待遇做斗争的勇气；或者获得去争取自己应该得到的晋升的勇气；或者获得换份工作的勇气；或者获得向喜欢的姑娘表白的勇气；或者获得开始从事他喜欢的事情的勇气；或者获得为了他的新发明而公然与全世界宣战的勇气。

这就是自然主义不能给他的东西。

我们举一部相当出色的自然主义作品为例——帕迪·查耶夫斯基[1]的《马蒂》。它用极其敏感、有洞察力的方法描写了一个小人物寻求认可的斗争之路。每一个看过这部电影的人无不怜悯马蒂的遭遇，也对他最后的成功感到一点小小的欣喜。但是十分值得怀疑的是，任何人——包括成千上万的生活中的马蒂们在内——会因为看过这部电影而受到鼓舞。没有人会想"我要成为马蒂"，但是所有人（那些最顽固不化的人除外）都会想"我要成为詹姆斯·邦德"。

这就是如今所谓"人民艺术家"所嗤之以鼻的流行艺术在传达的观点。

最可悲的——无论是对于学者还是大众而言——就是那些道德上的懦夫，他们虽不是对流行艺术嗤之以鼻，但是却试图与之为伍，他们认为他们的浪漫主义价值观是一个不可告人的罪过，于是就把它深埋地下，只跟至亲提起，然后还时刻不忘对公共知识分子献殷勤，他们使用的货币就叫作：自嘲。

---

[1] 20世纪美国编剧、作家，曾获三次奥斯卡最佳剧本奖。——译者注

这个现象还会继续下去，那些驾着马车的人会毁掉詹姆斯·邦德，就像他们毁掉麦克·哈默和爱略特·尼斯[1]一样，然后他们又会找到下一个被"模仿"的受害者——直到未来的某一天，有一位勇士能够站出来告诉全世界，浪漫主义不是一种不可告人的非法商品。

民众也有他们需要做的事情：他们不能再满足于这种地下酒吧一样的美学，他们应当废除乔伊斯、卡夫卡所带来的美学私规，这些潜规则搞得整个美学领域乌烟瘴气，纯净的水被禁售，而假酒却堂而皇之地出现在每一家书店的售货架上。

1965年1月

---

[1] 美国禁酒运动中的传奇人物。——译者注

九　艺术和道德背叛

我第一次见到 X 先生[1]的时候，我觉得他的脸是我见过的最沧桑的脸：倒不是岁月的折磨留下了什么印记，也不是他的目光里传达出了什么忧伤，而是他眉眼间的无望、厌倦和气馁，记录着他长久的痛苦经历。可他当时只有二十六岁。

他聪明绝顶，在工程领域早已声名鹊起，可谓前途无量——但是却没了前进的动力。他对选择极端地恐惧，一遇到选择就会焦虑——甚至连搬出一个生活很不方便的公寓都要踌躇良久，无法下定决心。他做的工作太低估他的能力，让他渐渐变得麻木、愚蠢，除了例行公事之外什么都不关心。他孤单得已经不知道什么是孤单，他也不知道什么是友谊，他几度萌芽的浪漫也都早早夭折——他不知道这一切是为了什么。

我与他见面时，他正在做心理治疗，他急于弄清导致他现在

---

[1] X先生是安·兰德哲学中的一位典型人物。——译者注

的状态的原因，因为好像一切都是无缘无故发生的一样。他有一个不快乐的童年，但也还不算太糟，比起很多孩子的童年已经相当不错了。他的过去没有过什么太多的创伤，没受过什么惊吓，也没有过度的失望和悲伤。但是他如今的麻木不仁已经让他无法感受身边的事物，也不再追求任何东西。他看上去就好像是一摊灰烬，但是没有人能帮他找出曾经的火焰来源何处。

至于他的童年，我问过他他喜欢什么（是什么，不是谁），"我什么都不喜欢。"他回答——然后他很不确定地记起一个玩具好像还让他提起过一些兴致。还有一次，我跟他说起一个刚刚发生的政治事件，暴露了社会的很多不理智和不公正，他轻描淡写地应着，告诉我："这倒是不怎么好。"我问他这件事情是不是让他很激愤。"你知道吗，"他不紧不慢地答道，"我从来都不会因为任何事情而激愤起来。"

他的很多哲学观点不太正确（这些观点主要来源于他大学本科的时候学的一门当代哲学课），但是他的精神目标和动力看起来却都是朝着正确方向的懵懂挣扎。在他身上我也没有发现意识形态上的错误，他不应该陷入这样痛苦的心理状态。

然后有一天，我们恰好在闲聊理想在艺术中的作用，他给我讲了如下的故事。几年之前，他看过一部半浪漫主义的电影，感受到了一种溢于言表的感觉，尤其是对一个时刻不忘自己事业前途的实业家更是万分喜爱。X先生对此的描述断断续续，但是他很清楚地表示他体会到的不仅仅是对这一个角色的钦佩；更是一种遥望到另一个世界的感觉——他感觉到的是一种欣喜若狂的感觉。"那是我想要的生活。"他如是说。他的目光在闪烁着，他的声音是迫切的，他的脸是充满生气的、年轻的——在那个转瞬即逝的时刻，他真的好像在恋爱。然后，那种灰色的死气沉沉又回来了，他旋即变得痛苦而忧伤："当我走出电影院的时候，我觉得很对不起自己——因为我在看电影时的感受。""对不起自己？为什么？"我问。他答道："因为我觉得之所以我对电影里的实业家会有那种感觉，是因为我的内心在作怪。我的内心总有一些不现实的想法在萌动，生活不是那样的……"

我感到浑身战栗。无论他的心理问题从何而来，这一点就是一切的关键；他的怪异状态不是因为他的不道德，而是因为他的道德背叛。一个人为什么要因为心灵中最闪光的东西而感到对不起自己呢？这样的生活又有什么盼头呢？

（最终拯救 X 先生的是他对理性的执着；他认为理性是不可动摇的，尽管他不知道理性的完整含义以及在生活中的运用；这一不可动摇的基石在他最艰难的岁月中苟存下来，最终帮助他重获新生——让他一直故意否定的灵魂被重新被认可、被释放出来。如今，他已经辞掉了之前的工作，做了很多让别人刮目相看的事，他的成功是有目共睹的，他做着他喜欢的事业，蒸蒸日上。他依然在与他的过去给他留下的一些东西斗争着。我建议读者先去看一下我在本文开头介绍的 X 先生，因为我现在想告诉大家的是，我最近刚刚看到他的一张快照，他在相片中灿烂地笑着。在《阿特拉斯耸耸肩》中，唯一能够对应他在这一笑中彰显的人格的，唯有弗朗西斯科·德安孔尼亚。）

有无数的案例都与此类似；这仅是我经历过的最典型、最撼动我的一例。类似的悲剧在我们的身边不断上演，很多案例让人很难发觉——这就好像是一间灵魂的拷问室，有些时候我们能够依稀听到痛苦的哭号，但是瞬间又恢复了寂静。在这些案例中的人都兼有"受害者"和"杀人犯"的属性。所以他们扮演着怎样的角色就可想而知。

人的灵魂是自造的——所以人格是由人的假设，尤其是价值观假设决定的。在人格形成的关键阶段——青少年时期——浪漫主义艺术就是他获得道德的人生观的主要渠道（在当今社会几乎是唯一的渠道）。（在之后的岁月中，浪漫主义艺术也是他体会这一人生观的唯一渠道。）

请注意，艺术不是人获得道德的唯一渠道，而仅是人获得道德人生观的唯一渠道。这一点需要明确区分。

"人生观"是形而上学的雏形，一种对于人以及对于存在的潜意识的整体感性评价。而道德是价值观和原理在抽象化、概念化后的法则。

一个孩子的发展过程就是他汲取知识的过程，在其中他需要不断提升他理解和处理越来越广博的抽象概念的能力。这就涉及两个互相依附但各自运作的抽象概念链条。这两个概念的等级架构本来应该被整合起来，但人们还是更习惯将它们分开来说：认知概念和规范概念。前者关注的是如何了解现实中存在的事实，后者关注的是如何评估这些事实。前者是科学的精神认识论基础，后者是道德和艺术的精神认识论基础。

在当今的文化中，孩子的认知概念的发展还得到了某种程度上的帮助，尽管这些帮助是不足的、漫不经心的，当中有很多的阻碍（例如最近一段时间愈演愈烈的非理性的教条和影响）。但是孩子的规范概念的发展则不仅仅是没有得到任何帮助，而是被极大地阻止和扼杀了。那些在受教育的过程中价值判断的能力如果还没有被完全破坏掉的孩子，就必须自寻出路来发展他的价值观。

且不说它的很多罪恶，传统道德首先就不关注孩子人格的形成。它不把孩子应该成为什么样的人清晰地传授并展示给孩子，并阐明这样的原因；它只是将一箩筐的规矩施用在孩子身上——事无巨细、蛮横无理、自相矛盾，而且经常还是一些让人感到不可思议的条款，大多都关于禁止做的事情和必须做的事情。如果一个孩子对道德（即价值观）的概念全都是："要记得掏耳朵！""不许对罗莎莉姑妈这么没礼貌！""快点做作业！""主动帮爸爸除草去（或者主动帮妈妈洗碗去）！"这样的话，导致的结果只可能是如下的一种：他要么被动地逃避这样的道德，屈从于规则的统治，将来成为一个玩世不恭的人，要么他就会盲目地挣扎和反抗。那些越聪明、越独立的孩子，就越不愿意听从这些命令。但是无论是哪种情况，孩子在成长过程中都会伴随着对道德的痛恨、恐惧和不耻，因为道德对他而言就是"耸肩的阿特拉斯"。

在当今的社会，孩子得到这样的教育就已经可以算是不幸中的万幸。如果家长试图用"不许太自私——你该把你的玩具跟邻居家的孩子分享"这样的警告给孩子灌输某种道德理想的话，或者如果家长还有些所谓"进步"的思想，纵容孩子的随心所欲的话——那么就会对孩子的人格造成无法弥补的损害。

那么孩子该从何处获得道德价值观，又从何处找到道德榜样来塑造他自己的人格呢？孩子应该从哪里得到构建规范概念的材料呢？显然，在纷繁混乱的成人社会日常生活中，他获得的东西一定是自相矛盾的。他可能会喜欢某些人，不喜欢另一些人（其实很多时候孩子会讨厌所有人），但是想从这些好恶当中抽象、识别、总结出一套道德体系对于孩子来说几乎不可能。然后他被灌输的道德准则也无异于空中楼阁。

浪漫主义艺术（尤其是浪漫主义文学）可以作为孩子道德价

值观的来源。浪漫主义艺术提供给他们的不是道德规则，不是死板的律条，而是一个道德的人的影像——也就是一个道德理想的有形化概念。浪漫主义艺术用孩子可以理解的方式有形地回答一个孩子一直能够感受到却无法概念化的抽象问题：什么样的人是道德的呢，他在过怎样的生活呢？

孩子从浪漫主义艺术中不是直接地获得抽象理念，而是为日后理解这些理念打下基础：从情感上体验崇拜某个伟大人物的感觉，学会仰视一个英雄——一种以价值为主导的人生观，使得人生的选择是可操作的、有效的、重要的——这一切加在一起就是道德的人生观。

尽管他周遭的环境使得他不得不将道德与痛苦画上等号，浪漫主义艺术让他改变这种关联，而让快乐替代痛苦——这种快乐是属于他自己的深层次的快乐。

若是没有阻碍，把这种人生观"转译"为成人世界的概念应该是水到渠成的。同时，他的灵魂的两大部分，认知的部分和规范的部分，也一定可以和谐地发展。那个在一个孩子七岁的时候在他崇拜的牛仔人物身上展现的特征，在十二岁的时候可能会转换成一个侦探的特征，在二十岁的时候还可能变成一个哲学家——这都是由于孩子的兴趣由连环画变为探案故事，又变为对于光芒万丈的浪漫主义世界中的文学、艺术和音乐的热爱。

但是无论他的年龄多大，道德始终是规范科学——也就是一个按部就班实现价值观目标的科学——如此一来，没有一个明确的目标，没有一个有形的图景，就无法实现道德。人若是要攀到并保持在一个道德高度，就必须在从思维成熟到思维老化的整个过程中有明确的理想。

孩子要把这一理想"转译"成有意识的哲学概念，并付诸实践，就需要一些心智方面的引导，至少是让他可以彻悟的一次机会。在当今的文化生活中，这二者对于孩子都可遇不可求。他从家长、老师、"专家"和鱼龙混杂的同龄人中获得的杂七杂八的道德人生观，哪怕是对于最坚韧不拔的人来说也很难不受污染——这是成人对孩子犯的数宗罪当中最邪恶的一宗，这足以让成人下十八层地狱，如果地狱真实存在的话。

孩子的浪漫主义（也就是他的道德价值观）刚刚萌芽就会被各种形式的惩罚镇压——无论是明令禁止还是威逼利诱还是讽刺挖苦还是直接对孩子发火。"生活不是你想的这样"和"还是现实点吧"是最具代表性的话，它们代表了这些向孩子宣战的人想向孩子灌输的人生观和世界观。

那些能够顶住这些压力，并且敢于和这些人抗争的孩子实在是凤毛麟角。那些压抑自己的价值观，把自己关闭在一个与外界隔绝的星球上的孩子则更是少之又少。大多数的孩子都会扼杀自己的价值观并彻底妥协。他放弃了自己衡量世界的能力，不再思考和判断自己的选择——他不知道自己已经放弃了道德本身。

这种过程持续地影响着孩子。他的精神不是一瞬间轰然倒塌的,而是慢慢地被蚕食鲸吞。

最可怕的是,孩子的道德观之所以被毁灭,不是由于他天性中的恶,而是因为他刚刚萌生的善。一个心智较为健全的孩子会意识到他对成人世界了解甚少,迫不及待地要学习许多东西。一个有野心的孩子也会时不常决定让自己的人生变得有意义。所以当他听到"等你长大了再说吧"和"小屁孩能干什么"这样的威胁的时候,首先动摇的是他的善,他的智慧、野心和他与生俱来的对长辈的学识和判断的尊重。

于是在他的意识中便产生了一个致命的二分:实用和道德,因为他耳濡目染的道理暗示他,凡是实用的,都必然背叛他的价值和他的理想。

他的理性也由于一个类似的二分而动摇:这个二分是理性和感性。他的浪漫主义人生观其实只是一种感觉,一种他难以言说的情感。这种情感非常强烈,但是也非常脆弱,很难抵抗外界的压力,因为他无法参透这种情感的本意。

想要说服一个孩子,尤其是青春期的孩子,他模仿巴克·罗杰斯[1]是多么的荒唐:他知道他脑海中的其实不是巴

---

[1] 诺兰在《2419大决战》中塑造的英雄人物。——译者注

克·罗杰斯，但同时又是——他陷入这样的内心矛盾无法自拔——于是他被批评的时候就会觉得尴尬万分。

于是，成年人——他们在这个阶段对孩子的道德责任本来是让孩子理解他所热爱的概念，带领他进入概念化的王国——却恰恰做了相反的事情。他们削弱了孩子的概念化能力，粉碎了孩子的规范概念，扼杀了孩子的道德野心，也就是他对善的追求以及他的自尊。成年人把孩子价值观的发展限制在了最原始、最肤浅的受存在制约的层面上：他们说服孩子相信模仿巴克·罗杰斯就是戴着头盔用粉碎炮炸翻火星人而已，所以他要想成为一个受人尊敬的人，最好还是放弃这种疯狂的想法。他们一般都会用这样的话将孩子彻底征服："巴克·罗杰斯嘛，哈哈！据说他从来不感冒的吧。你见过哪个真人不感冒吗？对吧，你上周好像刚刚感冒过呢。所以你就别以为你跟大家有什么不同了。"

这样讲的动机路人皆知。如果他们只是把浪漫主义当成"不现实的幻想"的话，他们只会友善地一笑置之——而不会表现出我们上述的暴怒。

由于孩子在这种时候一般都会陷入恐惧和不信任，并进而扼杀自己的情感，他面对成年人的情感对他的一次次袭击完全无法抵抗。他在潜意识中将这一切总结为，所有的情感都是如此危险和不理智的灾难，并且这种威胁会因为各种各样的原因随时降临到他的头上。这样的总结几乎是压死骆驼的最后一根稻草。他与生俱来的自傲将自此误使他做出一个错误的决定："我再也不能让他们伤害我了！"不受伤害的唯一法则便是关闭自己的感知。

但是孩子不可能完全扼杀自己；当一切情感都被扼住的时候，有一种东西会迅速占领全世界：恐惧。

恐惧的元素从一开始就腐蚀着孩子的道德。他不堪一击的善不是唯一的原因，因为孩子也存在与生俱来的漏洞：他恐惧别人，尤其是成年人，恐惧独立，恐惧责任，恐惧孤独，同时也恐惧自我怀疑，以及希望被接受，希望"归属"的欲望。但也正是他的善造就了他无法挽回的悲剧。

在成长的过程中，他对现有道德的反对被一次次加强。他的智慧使得他不会接受现今关于道德的几大学派：神秘派、社会派和主观派。一个向上的年轻人，跟随着理性的导航，不会相信超自然，更不会被神秘主义感染。社会派道德的矛盾和自欺欺人也会很快暴露在他面前。所以这当中最有害的当属主观派道德的学说。

他也许很聪明、很机灵（以他自己扭曲的方式），他知道主观意味着随机、不理智和盲目。而后他发现这恰恰就是人们面对道德问题的态度，而这也恰恰就是他所惧怕的。当主流的哲学告诉他道德在本质上与理性毫无关联，根本就是人的主观选择的时候，他的道德发展就被钉上了死亡的符咒。现在他的意识和潜意识达成了共识，价值观的选择就来自人的非理智因素，它是十分危险、深不可测的敌人。他有意识的决定是：不要卷入道德问题；这里的潜意识含义是：不要对任何东西做价值判断（或者更糟：不要对任何东西做过度的价值判断，也不该有任何不可替代、不可缺少的价值观）。

从这一状况发展为存在上的道德怯懦和心理学上过分的罪恶感对于一个心智正常的人来说不需要太久。其结果就是我之前所描述的人。

我们说句公道话，他作为一个人是无法"平衡"他内心的矛盾的——事业早期的成功打碎了他的心理防线：它暴露了他的价值观真空和他的人生目的的缺失，于是一切工作就都变得徒劳。

他知道——尽管不完全是有意识地知道——他正跟他原始的目标和动机背道而驰。他没有过一个理性的（以理性为主导的）生活，而是渐渐地成为一个主观的、情绪化的行尸走肉一般的人，只在乎当下，这使得他的社会关系尤为混乱——甚至他对于最重要的价值观都不关心、不作为。他无法独立于他人的理性缺失，他被迫——同样也是因为自己的不作为——跟随他人的节奏，或是按照某种行为准则行事，盲目地依赖和追随别人的价值体系，进入一种完完全全随波逐流的状态。当他看到更高尚的价值观，或者是置身于更高贵的场合的时候，他非但感觉不到快乐，反而感受到痛苦、罪恶和恐惧——然后他非但不会渴望这些，并为之奋斗，反而逃避和背叛它们（或者为之感到抱歉），仿佛只有这样他才能够达到他其实十分鄙视的传统意义上人的标准。与其说他是一个"受害者"（他当然是），不如说他是一个"凶手"。

这些都可以被他对浪漫主义艺术的态度印证。人对他的艺术价值观的背叛不是他精神顽疾的主要原因（虽然这其实也是一个重要的贡献因素），但这是一个非常显著的症状。

认识到最后这一点对希望解决心理问题的人有很大帮助。他社会交往和价值观的混乱可能乍一看盘根错节，但是浪漫主义艺术可以给他一盏指路的明灯——帮助他概念化地认识自我，提供给他认清自己的意识的一些线索。

如果他发现自己正恐惧、逃避和否定人所能达到的最高境界，也就是一种极端的欢愉，他知道他已经有了很大的麻烦，他应该：从头开始检视自己的价值观，从他被扼杀、被遗忘、被背叛的巴克·罗杰斯的形象开始，忍痛重建他的规范概念的链条——如果不这样的话，他只能继续像一个怪兽一样对一个肥胖的巴比特咯咯笑着，嘲笑着欢愉是多么的不可能实现。

浪漫主义艺术不仅仅使人得以第一次看到道德的人生观，也会成为拯救他的最后一条生命线。

浪漫主义艺术是灵魂的燃料和火花塞；它的任务是点燃人

的生命，并保证它永不熄灭。为这种能量提供引擎和方向的是哲学。

　　　　　　　　　　　　　　　　　　1965年3月

十 《九三年》序[1]

　　你有没有想过，文艺复兴的先驱们——从中世纪的长夜中醒来，发现自己被深深掩埋在中世纪艺术用以投射人类灵魂的畸形创造当中——他们从乱石堆中重新发掘出古希腊的神像，开始以全新的、自由的眼光看世界，那么他们当时怎么想呢？如果你好奇过这个问题的话，你在看维克多·雨果的小说的时候就会经历同样绝无仅有的情感体验。

　　他的时代和我们的其实异常近——雨果卒于1885年——但是他的宇宙和我们的宇宙在美学上几乎可以用光年来衡量。他在美国大众中没有什么名气，只是在电影银幕上有时被拙劣地炒作一下。他的作品甚至很少进入大学的课程。他早已被埋藏在当今美学的乱石堆中，野兽又在对着它龇牙了。这一次，野

---

[1] 选自维克多·雨果的《九三年》，罗威尔·拜尔译，矮脚鸡出版社1962年出版。——原注

兽不是来自教堂的尖顶，而是来自那一行行语句不通、不知所云的文字中。这些文字无不充斥着瘾君子、流浪汉、杀手、酗酒狂和神经病。我们时代的新野蛮人看不到雨果，就像中世纪的野蛮人看不到罗马，这就是历史的惊人相似。但是雨果的确是文坛大家。

浪漫主义文学直到19世纪才出现。19世纪时，政治较之历史上更加自由，西方文学在那时还依然受亚里士多德的影响——认为思维有能力直接处理现实。浪漫主义者在这一点上和亚里士多德主义者相去甚远，但是浪漫主义的人生观很大程度上要感谢亚里士多德对思维的解放。19世纪于是诞生了浪漫主义，几位浪漫主义小说家更是直接把这个运动推向高潮。

这当中最伟大的就是雨果……

当今的读者，尤其是年轻的读者，由于在一种使得左拉都被衬托得十分浪漫主义的文学环境中长大，应该在读雨果之前做好足够的心理准备：这种体验就好比从阴暗的地下，从呻吟着的发酵的尸体中，突然跳到明媚的阳光下。所以我要建议读者准备好如下的精神急救药：

不要寻找熟悉的地标——你其实根本找不到这些地标；你不是走进"隔壁老兄"的后院，而是一个全新的宇宙。

不要寻找"隔壁老兄"——你会见到的是巨人族，他们可能曾经是，也应该是，你的隔壁。

不要因为你没见过这些巨人就辩驳他们是"不真实的"——反思你自己的视角，不是雨果的视角，反思你自己的前提，不是他的；他写作的目的不是让你看到你每天都看到的东西。

不要因为这些巨人做的事情伟大、高贵、智慧、美妙就辩驳这些巨人做的事情都是"不可能的"——想想你的怯懦、低贱、愚蠢和丑陋，这不是人能做到的全部。

不要辩驳这样的宇宙是一种逃避——你会看到更艰难、更悲情的战斗，这些都是在街角的台球桌上看不到的；区别其实仅仅在于：这些战斗不是为了几毛钱的赌资。

不要说"生活不是这样"——问问你自己：你指的是谁的生活？

我之所以要写下这些警告，是因为我们时代的哲学和文化正在分崩离析——人的智慧被存在限制，只能考虑一时一事——这使得文学上的"抽象普遍性"被曲解成了"统计学大多数"。带着这样的观点看雨果，有百害而无一利。批评雨果的小说没有讲述普通人的日常生活，就像批评做手术的医生没有用心削土豆一样。认为雨果的失败是他的人物"大于生活中的人"，就好像是批评飞机的失败是它能够脱离地表。

但是有些读者一直奇怪那些无聊得要死、在"现实生活"中都令人作呕的人怎么可以成为文学的核心主人公，有些读者正在放弃所谓"严肃"文学，而追求侦探小说中最后一抹浪漫主义光芒，那么雨果就是他们一直乘风破浪想要抵达的新大陆。

《九三年》是雨果最后一部小说，也是最优秀的一部。它是雨果作品的一个代表：从故事、风格和主题上无不代表了独特的"雨果式"小说。

小说的背景是法国大革命——"九三年"指的是1793年，大革命最血雨腥风的一年。故事当中的时间是在旺代战争前后——布列塔尼的保皇派农民揭竿而起，在流亡归来的贵族的领导下不计一切代价复辟帝制——一场两败俱伤的战争。

小说所引发的舆论争论其实与小说的本意联系不大。1874年本书出版时，无论是大众还是批评家都对它不甚热情。文学历史学家基本上认同的解释是法国民众对一部美化第一次大革命的小说很难提起兴致，因为1871年血腥的巴黎公社运动当时还历历在目。当今的两位为雨果做传的作家是这样形容这部小说的：马修·约瑟夫森在《维克多·雨果》中将这本小说贬为一部充斥着"理想化人物"的"历史浪漫故事"；安德烈·莫洛亚在他的《雨果传》中列举了雨果与小说情景的各种联系（比如雨果的父亲曾在旺代为共和军战斗过），然后评价道："小说中的对话是十分戏剧化的。但是法国大革命本来就充满戏剧化的斗争。小说中的人物无不有着鲜明的人格，并且至死不渝。"（这是一种自然主义的论调。）

然而事实上，《九三年》不是一部叙述法国大革命的小说。

对于浪漫主义者而言，背景就是背景，不是主旨。雨果的视野永远集中在人物上——集中在人性和那些放之四海而皆准的问题上。《九三年》的主旨是人对价值观的坚守。该主旨在故事的主要冲突中以不同的方式华丽闪现，推动着人物和情节的发展，并把它们整合起来，推向高潮。

为了使得这一主旨戏剧化，为了分离出人性并且将它赤裸裸地展现出来，让它经历死亡的考验，大革命是一个合适的背景。雨果写这部小说不是为了描绘大革命；大革命只是这个故事的一个部件而已。

雨果关注的不是某一种价值观，而是一个包罗万象的概念：人对价值观的坚守，无论这个人的价值观是什么。尽管雨果个人很明显站在了共和派一边，他对双方的描写却都不失公正，甚至可以说，他对冲突双方都怀着一种敬意。雨果对朗德纳克侯爵和西穆尔登的态度没有什么不同。他突出了他们的精神高度，以及始终如一的美德、勇气和奉献，然而前者是保皇派的首领，后者则是共和派的首领。（如果把描写的力度和文采考虑在内的话，朗德纳克从某种程度上来说是一个更加出色的人物。）雨果对共和军士兵的神采和对保皇派农民的顽固都十分公正地给予认可。他想说的不是："看看人们在为多么伟大的价值观奋斗啊！"而是："当然人们为某种价值观奋斗的时候，人们可以何其伟大啊！"

雨果利用他无法比拟的无边想象完成了小说最困难的任务：抽象主题与故事情节的结合。尽管《九三年》的情节跌宕起伏，完整的逻辑线牵动着读者的情感，每一个事件却都与主旨相联系。故事的任何一个部分都在讲述人在暴力的、痛苦的情况下以多么伟岸的灵魂坚守自己的价值观。这是一条隐形的线，独立而又依附于故事线，正是它把下面这些情节联系了起来：一位衣衫褴褛的年轻母亲，漫无目的地蹒跚行走在烧焦的村庄和被毁的田野之间，绝望地寻找着她在战争混乱中走失的孩子；一个乞丐收留了他之前的领主，一起躲避在树洞中；一个默默无闻的水手必须做出抉择，因为就在这艘黑暗中前行的船上，他将决定一位君王的命运；一位身材高挑、性情孤傲的男子，受过贵族的教育，服饰却显尽落寞，他站在谷底，仰视着远处的冲天火光，突然有了一个可怕的想法；一个年轻的革命者在高塔一处裂缝的阴影下踱步，夹在背叛组织和背离本心之间不知何去何从；革命法庭上一个面色苍白的男人起身宣布判决，人群无声地等待着他会释放还是会处决他唯一爱过的人。

如此戏剧性的结合能够迸发出巨大力量，例如下面这个只有雨果才能写出的对白。这段对白给人带来巨大的痛苦，同时也解答情节发展的悬念："我要逮捕你。""我同意。"读者应该充分了解这个对白的来龙去脉，才能知道它发生在哪两位人物之间，也才能了解作者在这两句话当中蕴含的"壮丽的"深意。

"壮丽"是《九三年》和雨果其他作品的主旋律。我们甚至可以说，这当中最大的悲剧冲突不在作品里，而在作者身上。雨果虽然对人和对存在有高屋建瓴的观点，他却无法将这些观点应用于生活当中。他的信仰时常心口不一，所以他无论如何也不能在生活中实践他的观点。

他直到去世都没有把他的人生观"转译"为概念化的语言，他没有问过自己想要成为他的主人公那样，需要什么样的想法、前提和心理准备。他对人的智慧的态度一直模棱两可。好像雨果作为艺术家的人格完全淹没了他作为思想家的人格；好像伟大的雨果无法分清艺术创作的过程和理性认知的过程（这是利用同一个意识实体的两种不同方法，它们具有和而不同的性质）；好像他一直用比喻思考，而不是用概念思考，在比喻当中暗含了太多交集的情感，还错节着纷乱的符号，和一些谈不上准确的意向。雨果好像因为接触了太多情感，而急于挥毫泼墨，记录下他的感受而不是他的认知——于是他写下了很多可以暗示他的价值观的理论，但是其中没有一个可以表达他的价值观。

在《九三年》快要结尾的部分，雨果，作为艺术家，设置了两个极其戏剧性的场景让主要人物表达他们的观点，阐明他们立场的深层次理由：一个场景发生在朗德纳克和高芬之间，老保皇派朗德纳克在雨果的导演下一边奋力维护君主制，一边狠狠挖苦了一番这位年轻的革命派小伙；另一个场景发生在西穆尔登和高芬之间,他们在雨果的导演下发生了冲突,使得革命派内部的两股力量凸显了出来。我之所以说"在雨果的导演下",是因为雨果作为一个思想家做不到这些:角色之间的对白没有表达什么明确的观点,它们仅仅是故事所需要的暗示和总结。当他需要处理这些理论概念的时候,他的热情、文采和情感力量都好像背叛了他。

雨果,作为思想家,几乎是19世纪的善与恶的始作俑者。他认为人的生活是无限的和"自我能动的"。他认为愚昧和贫穷是一切罪恶之源。他相信公益,但是这种信仰时而激烈,时而消弭,但他的确十分急切地希望人类能够摆脱痛苦,却不从方法入手:他想要消除贫困,却不知道财富从哪里来;他想要人们自由,却不知道应该如何保护自由;他想要全天下都是兄弟姐妹,却不知道武力和恐惧恰恰和他想要的相悖;他认为理性与生俱来,却没有看到把理性与信仰结合起来会导致的毁灭性后果——尽管他自己的神秘主义还不是最可悲的东方神秘主义,但是与骄傲的希腊神话十分接近,他的上帝也是一种人类完美的象征。他十分自大地崇拜着他的神,就像神是与他等同或是他的好朋友一样。

作为思想家的雨果所认可的理论不属于作为艺术家的雨果的宇宙。由于这些理论没有被融入实际,他们实现的价值观与雨果的人生观恰恰相反。作为艺术家,雨果为这种致命的矛盾付出了代价。尽管少有其他艺术家能够描绘出跟他的世界一样欢乐的世界，他的笔触一直透着一种淡淡的哀愁。他的大多数作品都以悲剧告终——好像他无法想象他的主人公如何在世间成功，他只能让他死在激战中，让他的灵魂继续坚守他的理想；雨果好像向往的不是天堂，而是人世，人世有他永远触碰不到的美好。

这就是雨果面对的矛盾的本质：他声称自己在意识上是一个神秘主义者，但是却疯狂地爱着现世；他声称自己是一个利他主义者，其实却崇拜人的伟大，而不关心自己的痛苦和弱点；他声称自己是一个社会主义者，但是却从未动摇自己的个人主义；他声称自己是感性高于理性的完美代表，他的角色之所以壮丽却都是因为他们完全意识到自己在做什么，他们跟随着自己的动机和欲望，对现实一丝不苟——这可以应用于《九三年》中农民的母亲，也可以应用于《悲惨世界》中的冉·阿让。上述的这一点是雨果的人物都显得如此澄澈的秘密，去除了盲目和不理智，去除了混沌的人生漂流，乞丐都显得伟大。这是雨果的招牌，也应该是人类自尊的招牌。

那么雨果在政治哲学上站在哪一边呢？在这个被利他主义和集体主义统治的时代，他不被那些表面上看起来理想和雨果所声称的理想相同的人喜欢，并不是一个意外。

我十三岁那年第一次读雨果，当时我置身于苏维埃俄国。

要想理解雨果的本意——和他所构造的美妙的宇宙——以及雨果对我的意义，就必须在最复杂的社会条件下生活过。正是在这个背景下，我很荣幸可以为他的一部小说作序，并把这本书呈现给美国大众。这本书对于我来说具有雨果式的戏剧性。没有他就没有我的今天，没有他我就不会成为一个作家。如果我可以帮助哪怕一位年轻的读者发现我在这部小说中发现的东西的话，如果我可以把雨果的作品带给应该看到它们的人，也算是我小小地回报了雨果对我的恩情。

十一　我为何写作

我写作的动机和目的是勾勒一个理想的人。描绘道德理想本身是我终极的文学目标——跟这个目标相比，小说中的一切含义和哲学思考都只是方式而已。

请允许我强调这一点：我的目的不是要在哲学上启迪我的读者，不是用我的小说教人行善，也不是说我的小说能够辅助人的心智发展。这些都是很重要的事，但是它们都是附加的考虑，它们仅仅是效果和结果而已，不是原因和主导。我的目的，作为原因和主导，是描写霍华德·洛克、约翰·高尔特、汉克·里尔登、弗朗西斯科·德安孔尼亚他们自身——他们不是实现任何更高目的的方式。他们恰恰是我能为读者提供的最高价值观。

这就是为什么当我被问到我主要是一个小说家还是一个哲学家，我的作品是不是宣传我的想法的工具，我的主要目的是不是政治和声援资本主义的时候，我的心情是非常复杂的——我希望能有机会耐心地解释，又觉出这些问题本身的荒唐，甚至有的时候我会感到很恼火。这些问题其实都是不着边际的，不仅不是我想问题的方式，而且完全没有问到点子上。

我想问题的方式既比这个要简单，同时也比这个复杂，这是从两个不同的方面来讲。简单地说，我对文学的观点和孩子一样：我写作，或是读书，都是为了故事。复杂的是把这种态度"转译"为成人世界的概念。

特定的存在，也就是价值观的各类形式，是随着一个人的成长和发展而变化的。但是"价值观"的概念不会变。成人的价值观可能包含他一切活动的集合，包括哲学——应该说，尤其是包括哲学。但是基本的原则——价值观在人生和文学中的功能和意义——是一贯的。

我对任何一个故事都会问如下的问题：我会想在现实生活中遇到这个人或这件事吗？这个故事所带来的经历本身是值得我追求的吗？思索这些人物本身能给我带来快乐吗？

就是这么简单。但正是在这种简单当中，蕴含了人的整个存在。

因为这涉及如下的问题：我希望在现实生活中遇到什么样的人——为什么？我希望发生什么样的事，我希望人怎么做——为什么？我希望过什么样的生活，我的目标是什么——

为什么？

这些问题很明显地属于一个领域：伦理学。什么是善？什么行为是正确的？什么样的价值观是正确的？

由于我的目的是表现一个理想的人，我必须构造并展现一个允许他存在的客观条件。由于人格需要前提，我必须构造并展现使得他成为现在的样子所需要的前提和价值观；这样我就必须构造并展现一个理性的价值观体系。由于人要相互影响，相互作用，我必须展现一个社会系统使得理想的人可以存在并发挥功能——一个自由、高效、理性的系统，要求并鼓励人做最好的自己，无论这个人是高贵还是低贱。这种制度很明显是自由放任的资本主义[1]。

但是无论是政治还是伦理、哲学，在人生和文学中都不是目的。只有人才是目的。

有一个文学流派激烈地批驳像我一样的作家，这个文学流派是自然主义。他们声称作家必须以所谓"一五一十"的方式复刻"现实生活"，不能加以挑剔和选择，不能做价值观的判断。所谓"复刻"，其实就是像摄影一样；所谓"现实生活"，其实就是他们恰好观察到的存在；所谓"一五一十"，其实就是"与

---

[1] 极端的资本主义，反对政府对贸易的一切干涉，反对任何多余的税赋。而冷战中的美国，在罗斯福新政的背景下，恰恰采取了干涉主义，这让安·兰德十分担忧。——译者注

我身边的人毫无二致"。但是这些自然主义者——或者他们当中还看得过去的几位——在两种文学属性上其实非常挑剔：风格和刻画。没有选择，就谈不上刻画，无论是非同寻常的人物，还是一个统计学上可以代表很多人的普通人物。因此，自然主义者其实只是在一个属性上刻意避开选择：情节的内容。他们认为，对内容的选择上，小说家不应该有所选择。

这是为什么？

自然主义者没有回答过这个问题——至少没有用理性的、有逻辑的、不自相矛盾的方法回答它。为什么一个作家要不加选择地"拍摄"他的人物的一举一动呢？是因为它们"真实"发生了吗？记录下发生过的事情是历史学家的职责，不是小说家的职责。为了启迪读者、教育读者吗？这是科学的职责，不是文学的职责，至少不是小说类作品的职责。让人见识苦难来升华他的灵魂吗？但是这已经是一个价值观判断了，已经带有道德目的，带有一个"主题"了——这些根据自然主义的章法是应该被禁止的。另外，要想升华任何东西，都必须了解升华它需要什么——要知道这个，就必须知道什么是善，以及如何达到善的境界——要想知道这两点，又必须有一整套价值判断的系统，伦理的系统，而这又犯了自然主义的禁忌。

因此，自然主义的立场可以被总结为，小说家在方法上有美学的自由，但是在目的上没有自由。他可以在他如何描绘他的对象上发挥尽可能多的创意、选择、价值观判断，但是他描绘什么则不应该选择——他可以选择风格或刻画的方法，却不能选择对象。人——文学的对象——不能被加以选择地观察和描写。人必须接受现实，接受一成不变的存在，接受不能评说的所见，接受现状。但是由于我们可以观察到，人主导改变，不同的人有所不同，人也追求各异的价值观，那么人的现状实际上由谁决定呢？自然主义的言下之意是：人必须接受小说家给出的现实。

小说家——在自然主义的限制下——不能判断也不能评价。他不是一个创造者，而只是其他人手下的书记员。他任凭其他人表达观点、作决定、选择目标、为价值观奋斗，决定人类的命运、灵魂和发展方向。小说家是这场战斗所抛弃的唯一一个人。他不被允许问这是为什么——他只能拿着记录本紧跟着他的主人，记下来主人的一言一行，捡起主人想要丢下的珍珠和粪便。

至少对于我来说，这样的工作有损我的自尊。

我心目当中的小说家既要寻找矿脉，也要懂得加工珍贵的金属矿石。小说家需要发现灵魂的金矿，并把金子提取出来，铸造出他能够想象到的最奢华的皇冠。

就像追求物质财富的人不会每天在下水道里游荡，而是深入高山深谷淘金一样——追求精神财富的人也不能只关心自家的后院，而要深入追寻最高贵、最纯净、最雅致的元素。我可不希望本韦努托·切利尼[1]天天玩泥巴。

正是对对象的选择——最严苛、最无情的选择——才造就了艺术的内核。在文学中，这意味着故事，也就是情节和人物，也就是作家选择描写的人和事。

当然，对象不是艺术的唯一属性，但它是举足轻重的属性，它是一切方式的目的。然而，在很多的美学理论中，目的——也就是对象——没有被涵盖在讨论范围之内，只有方法的美学重要性得到承认。这样荒谬的二分等同于辩驳用辞藻堆砌起来的笨蛋要比一个刻画较为僵硬的女神更加美丽。我认为两者都难登大雅之堂，但是后者只是在美学上缺乏可圈可点之处，前者则是美学犯罪。

其实根本不需要这样的二分，方法和目的不是不可共存的。目的正确不能证实方法正确——在伦理学和美学中都是如此。方式正确也不能证实目的正确：伦勃朗的功力被用于画一片牛肉，我很难说这幅画作的美感能够多么登峰造极。

那幅画基本上可以代表我在艺术和文学中讨厌的一切。七岁的时候，我不能理解为什么人们会喜欢那些画死鱼、垃圾箱、有着双下巴的农妇的画。现在我理解了这样的美学现象背后的心理原因——我越了解它的原因，我就越憎恶它。

---

[1] 16世纪意大利雕塑家。——译者注

在艺术和文学中，目的和方法、对象和风格，必须相辅相成。

如果一个东西不值得思考，它就不值得被艺术重塑。

痛苦、疾病、灾难、邪恶，这些人类存在的负面，都是合适的研究对象，因为我们需要理解和纠正它们——但是它们不应该成为思考本身的对象。在艺术和文学中，这些负面的东西只有与正面的东西相对比，作为衬托、对照以突出正面，它们才值得被重塑——但是它们本身不是目的。

对于负面对象"慈悲"的研究如今在文坛风生水起，但这恰恰是自然主义的死胡同，它的尽头是自然主义的一座墓碑。如果这种研究的始作俑者依然坚称这些事情就是"真实发生"的（大部分都不是真实发生的）——那么我要说，即便这些是，也是心理学和历史学的范畴，不在文学所关注的范围内。一截已经感染得面目全非的肢体在一本医学课本当中可能可以起到画龙点睛的作用，但是在艺术馆不能。感染的灵魂则是更加令人作呕的景象。

人应该享受对价值观和对善的思索——思索人的伟大、智慧、能力、美德、气魄——这个道理是不言自明的。思索恶的人才需要奋力辩驳；同样属于此类的还有思索中庸、无为、寡义和愚昧的事物的人。

七岁的时候，我拒绝读字里行间渗透着自然主义的儿童读物——那些关于隔壁邻居家孩子的书。那些书真是无聊的要死。我在现实生活中都对这些人不感兴趣；所以我找不到他们在小说中能变得有意思的理由。

我直到今天还是这样认为；唯一的区别是我今天能够用哲学证明我自己的立场了。

至于我的文学流派，我认为我是一个浪漫现实主义者。

我们现在来讨论自然主义者所说的浪漫主义艺术是一种"逃避"的论断。请各位读者问问自己，这样的论断体现了怎样的形而上学——体现了怎样的人生观？如果对价值观目标的体现——在现状、已知和唾手可得的事物的基础上谋求进步——就是"逃避"的话，那么药品就是对疾病的"逃避"；农业就是对饥饿的"逃避"；知识就是对愚昧的"逃避"；野心就是对慵懒的"逃避"；最后，生命就是对死亡的"逃避"。如此一来，最纯粹的现实主义者一定是位懒婆娘，她只知道坐着，只知道欺骗自己"这就是人生"。如果这就是现实主义的话，那么我宁愿是一个逃避主义者。亚里士多德如此，哥伦布也是一样。

《源泉》中有一个与此相关的段落：在这个段落中，霍华德·洛克向史蒂芬·马洛里解释他为什么要给斯托达德神庙建一座雕塑。写这个段落的时候，我有意识地阐明了我这部作品的目的——作为一个简短的个人宣言："我认为你是我们最好的雕塑家。我这样认为，是因为你雕塑出的人形不是人本身的样子，而是人可能成为——和应该成为的样子。你超越了平凡，让我们看到了不平凡，而这样的不平凡只有通过你的塑造才能成为现实。你的作品不像其他作品那样蔑视人类。你对人类是尊重的。你的塑造表现了人类最英雄的一面。"

这一行字清楚地说明了我接受、追寻并深入摸索的哲学观点，这个观点的产生甚至是在我听说"亚里士多德"这个名字之前。但亚里士多德也说，非纪实类的作品比历史有更高的哲学重要性，因为历史知识把事情原封不动地记录下来，而非纪实类的作品则描绘事情"可能和应该成为的样子"。

为什么小说要描绘事情"可能和应该成为的样子"呢？

我的回答可以引用《阿特拉斯耸耸肩》当中的一句话，以及它所引申的含义——"人可以累积财富的高度，所以人也可以累积精神的高度"。

人的精神生存和人的物质生存一样依靠他的努力。人面对两个相辅相成的行为领域，一个需要无尽的选择，一个需要无尽的创造：前者是世界，后者是他自己的灵魂（或者他的意识）。就像他需要自给自足地获得维系生命的材料一样，他也需要自己创造使得他的生命有价值的精神材料。出生的时候这二者都是白纸，于是他必须学会这两个能力——把这二者"转译"为现实——以他的价值观为蓝图，改变世界，塑造自我。

人的知识都是由哲学的根生长出来，但是却向着两个不同的方向发展。一个方向关注物质世界，或者说是与人的物质存在有关的现象；另一个方向关注与人的意识有关的现象。前者产生了理论科学，然后又产生了应用科学和工程，然后又产生了技术，然后又产生了生产和物质财富；后者则产生了艺术。

艺术是精神的科技。

艺术是以下三个哲学领域共同的结果：形而上学、精神认识论和伦理学。形而上学和精神认识论是伦理学的抽象基础。伦理学是以价值观系统规范人的选择和行为的一门应用科学——这些选择和行为会决定人的生命轨迹；伦理学也是一门提供方针和蓝图的工程学科。艺术是最终的作品。艺术会建立起最终的模型。

我想强调这样一个类比：艺术不会教人什么——它能做的只是展现，它以完整的、有形化的现实形式展现最终形式。伦理学负责传授，而传授不是艺术品的职能，就像这不是飞机的职能一样。同样，通过研究或者拆解，人可以弄清飞机的内部，艺术品也具有同样的属性——人们可以通过研究艺术学到有关人性、精神、存在的知识。但是这些益处其实都微不足道。飞机的主要功能不是传授给人飞行的方法，而是让人获得飞翔的体验。艺术也是一样。

尽管把事物表现为它们"可能和应该成为的样子"能够帮助人在现实生活中达到这个理想，这依然不是它最本质的价值。

本质的价值是这样的描绘让人体验事物应该成为的样子。这个体验对人十分重要：这是他精神赖以生存的生命线。

由于人的野心是无穷的，由于人对价值观的追求贯穿他的一生——有着越高的价值观，就必须经历越多的考验——人需要一些时间，一个小时或者随便多久，来体会他的任务完成之后的感觉，体会在他的价值观所主导的世界中生活的感觉。这让他得以小憩片刻，为后面的路积累能量。艺术给他的体验让他能够清晰地看到他遥远的理想。

这样的体验并不因为人能够从中学到什么而重要，而是因为人确实能够获得这种体验。人获得的能量远非一个理论，或者一条"箴言"，而是一个重新唤起他生机的一种形而上学快感——他于是得以热爱他的存在。

某些人也许会选择更进一步，把这样的体验"转译"为他真实的生命轨迹；另一些人可能没有把这种体验变成现实，在往后的人生中一直背叛这个理想。无论是哪种情况，都是与作品本身无关的，因为作品本身是一个已经实现的、完整的、静止的存在——它是黑暗当中矗立的灯塔，光芒映照着："这是可能的。"

无论是上述哪种结果，这种体验都不是一个路站，而是一个终点和目的。人们可以说："我要是能做到这样就好了。"在现代社会中，这样的经历其实少之又少。

我读过很多小说，但是现在记忆中都只剩下了只言片语。

但是雨果的小说，还有其他零星几部作品，再也没有别的书可以替代了。

艺术的这一方面很难用言语形容——因为它需要观众或者读者的水平——但是我相信你们当中很多人已经能够读懂我的意思。

在《源泉》中有一个与此相关的场景。从某种程度上来说，我是场景中的双方，但是我主要是把自己当作艺术的消费者，而不是艺术的创造者，来写的这个场景；我写这个场景以表达我想要看到人类成就的迫切心态。我本以为这个场景的情感意义是非常个人的，甚至是非常主观的——我也没有期望任何人跟我产生共鸣。但是这个场景恰恰是《源泉》最受理解、最广泛地被读者引用的章节。

这是第四部分的开始，发生在霍华德·洛克和一个骑车的小孩之间。

小孩子认为"艺术创作应该是对自然的改造和升华，而不是退化。他不认为人应该被蔑视，而应该被爱、被崇拜。但是他对世界上的那些房子、台球室和海报等具有与生俱来的恐惧……他梦想创作音乐，但是他却无法将他想要的东西具体化……让我们明确人生的价值吧。让我们实现人生的价值吧。让我们看看音乐的力量吧……不要为了我的幸福和我的弟兄奋斗……一切都是你的……让我看到你能够驾驭这一切……让我看到你的成就……我看到这些,就会有动力创造自己的幸福。"

这就是艺术对于人生的意义。

我正希望你们从这个角度探讨自然主义——这种思想把人局限在贫民窟、台球厅和电影海报的境界,甚至比这些的境界都要低很多。

自然主义者认为,浪漫主义的以价值观为导向的人生观是十分"肤浅"的——而他们那种在垃圾堆里倒是蔓延得挺深的人生观却称得上"深奥"。

他们认为理性、目的和价值观都是小儿科——他们说,大智慧其实是愚昧的头脑、漫无目的、摒弃一切价值观的,然后在篱笆上涂鸦画各种骂人的脏话。

他们认为上山算不了什么——滚下山才是最伟大的成就。

他们认为追求真善美的人都是被恐惧驱使——这些人的存在就是被恐吓的产物——在化粪池里钓鱼的才是真的男子汉。

他们傲然宣称——人的精神就是一条下水道。

好吧,他们还知道这个啊。

这简直是对现实莫大的讽刺,因为很多人认为我是当今唯一一个认为自己的灵魂不是下水道、笔下人物的灵魂和人的灵魂也不是下水道的作家,但是我成了厌恶、诽谤和批评的靶子。

我写作的动机可以用一句放在我作品合集扉页上的话来总结:献给伟大的人类。

如果有人问我，我把什么献给了伟大的人类，我会用霍华德·洛克的一句话来回答他。我一定会举起一本《阿特拉斯耸耸肩》，然后说："这无须解释。"

1963年10—11月

十二　举手之劳——一个短篇故事

　　这个故事写于一九四〇年，但是直到一九六七年十一月才发表在《客观主义者》上，它是以手写原稿的方式被刊载的。

　　这个故事展示了创作的本质——艺术家的人生观主导着他的潜意识，控制着他的创造和想象。

　亨利·多恩坐在书桌前，望着一张空白的稿纸发呆。他的心里空空的，但是怎么也静不下来。他自言自语：这会是你做过的最简单的事情。

　糊弄一下就可以了，他告诉自己。就是这样。放轻松，怎么糊弄怎么来。是不是很简单？你个大笨蛋，你在紧张些什么？你觉得你不知道怎么糊弄还是怎么样？那你就太自负了。他简直快要对自己发火了。这就是你问题的全部。你简直自负得无可救药了。你连糊弄事都不会了,是吗?那你就等于是在糊弄自己。你整个人生都是糊弄过来的。你这次怎么就就不会了?

我再过一分钟就开始,他说,就再过一分钟然后我就开始。这次是真的。我就再歇一分钟,总可以吧?我好累。你今天什么都没有做啊,他说,你几个月都没做什么事情了。你有什么可累的呢?这就是我为什么累——因为我碌碌无为。我希望……我愿意以一切做交换如果我可以……算了,真的算了。我不能想这个事。再过一分钟就必须开始,也该准备好了。如果想这个事,就准备不好了。

别往那儿看,别往那儿看,别……他把头扭了过来。他刚刚在看柜子上一本包着破旧的蓝色书皮的厚书,压在一堆旧杂志下面。他能看到书脊上面的一行淡得快要消失的字:胜利,亨利·多恩著。

他站了起来,把杂志推倒,盖住了这本书。"眼不见心不烦。"他想。不,不。不是我不能看它,而是不能让它看见我。你个矫情的蠢货。他说。

这不是什么好书。你怎么知道它是好书的?不,不是这个意思。好吧,这是一本好书。好得不能再好了,一字千金,滴水不漏。要是能改就好了,要是你能说服自己这是一本很糟糕的书就好了,这样你就会接受现实。这样你就可以直视别人的眼睛，然后伏案写一本更好的。但是你没有说服自己。你尝试了各种方法来说服自己，但是你想不开。

好吧，他想，就这样吧。你都想了多少遍了，已经两年了。放下这件事吧。等等。我倒不是在乎那些批评的声音，而是那些褒扬我的评论。尤其是那篇来自芙露蕾特·拉姆的评论，她说这本书是她读过的最好的书——因为书中的爱情故事实在太催人泪下了。

他甚至都不知道他的书里还有一个爱情故事，他更不知道这个故事竟然还能催人泪下。而那些就在书里白纸黑字写着的东西，那些他花了五年时间构思然后落笔，花了他最多精力才完成的内容——芙露蕾特·拉姆只字未提。起初，当他看到这些评论的时候，他怀疑这些东西是不是在他的书里；也许他只是梦见他写这些东西了；或者可能是打印机漏印了——可是书那么厚，如果打印机漏印的话，那么多页纸里面，都他妈是些什么呢？他的书不是拿英语写的吗，那就更不可能了。而且世上有这么多聪明人，该认识字呀。他又确定自己没有疯。于是他重新读了一遍他的书，一字一句地仔细地读。他找到一个病句的时候，开心地笑了，然后他又看到了一个表意不清的段落，还有一处混乱的逻辑，他欣喜若狂；他想，他们是对的，这些东西我书里根本就没有写，根本就没写清，那么根据科学道理，他们当然有道理没看见根本不存在的东西。但是当他翻完最后一页的时候，他发现那些东西都在，这本书表意清楚、文采飞扬，而且讨论的问题都是十分重要的。他写得真是不能再好了——所以他又不能理解读者的反应了。他觉得自己最好还是不要理解了，否则日子就不能过了。

好吧，他想。差不多了吧？一分钟已经过了，你答应要开始的。

门开着，他朝卧室里看了看，凯蒂坐在桌子边玩儿扑克接龙。她的脸上泛着自信，好像一切都是完美的。她的唇真美。人的嘴唇总能暴露人的内在。她的嘴唇有点上扬，好像是想向全世界微笑，如果不微笑就是她的错一样。谁说不是呢，她现在一切都好，世界也是。在台灯的光下，她的脖子很白、很美，为了看清牌，她的脖子弯着，她还真是专心致志哪。玩儿扑克接龙不花钱。他能听到扑克牌之间碰到的声音，还有屋角的管道噼啪的声音。

门铃响了，她立即起身到门口开门，经过他的时候目光却没有朝着他。她的身材很棒，还特意穿了孩子穿的那种裙摆很宽的裙子，特别可爱。不过夏装的裙子不是很合适这个季节，而且两年前买的，也很久没穿过了。他其实可以去开门的，不过他知道她为什么想自己开。

他站了起来，两腿站得很开，肚子里翻江倒海。他没有看大门那边，只是侧耳仔细听。他听到一个人的声音，然后听到凯蒂说:"我们真的不需要伊莱克斯[1]。"她的声音听起来就像是躲过一劫之后释怀的歌唱。她几乎是尽可能不让这种情感显露出来,好像她已经爱上了伊莱克斯的推销员,想邀他进来一样。他知道凯蒂为什么这样。她本来以为是房东来了。

凯蒂关上门,看了看他,然后一边穿过房间一边说:"我不想打扰你亲爱的。"然后回房间继续玩儿扑克接龙。

他告诉自己,你现在就只需要想芙露蕾特·拉姆的事,想象她到底喜欢什么。她喜欢什么,你就写什么,就这么简单。然后你就完成了一个商业故事,就可以卖好多好多钱。这简直是举手之劳。

不可能只有你是对的,全世界都是错的,他说道。大家都说你应该这么做。你想要赚钱,那就得自己想办法。天上不会掉馅饼。老天爷怎么会扔馅饼还恰好砸到你呢。人们只会说,你脑子不笨!看看保罗·帕提森,人们说。他可能还没有你一半聪明,但是人家一年能挣八万美金哪。但是保罗知道读者喜欢什么,然后投其所好。只要你能够改掉一点儿固执,你有些时候就是要糊弄一下。为什么不现实一点呢,这样你至少能赚到第一桶金,没准就是五千块呢,这样你就又能够伏案做你的高深学问,做那些没有人看得上的东西。人们都问他,想赚钱就得骗!那你说你怎么办?你要是再这样下去,一周能挣

---

[1] 美国著名的家电品牌。——译者注

二十五块就是你的福气了。这太不可思议了，你的确有过人的文学天赋，你自己心里也有数，但是你的脑子得机灵一点儿啊。如果你连那种特别难的东西都能写，那你写一篇连载的故事一定是举手之劳啊。那种东西傻子都会写的。人们说，别瞎想了，你难道想当炮灰吗？他们说，看看你过的这日子。他们说，连那个保罗都会干的事情，你为什么就不能干？

他重新坐下来，对自己说，想想芙露蕾特·拉姆。你觉得自己不能理解她，其实你可以，就看你想不想。所以就不要想复杂了。要简单一点儿。理解她很简单的。就是这样。一切都要简单来看。举手之劳，写一个故事。写你能想到的最举手之劳、最没意思的故事。天哪，你能想到那种完全不重要，极其不重要，简直一点点重要性都没有的东西吗？你能吗？你难道想不到吗，你这个自负的白痴？你把自己当什么了？你以为你除了真善美就没别的本事了吗？你必须无时无刻不是一副救世主的样子吗？你必须得装作自己是圣女贞德[1]吗？

所以不要再自欺欺人了，他劝自己。你做得到的。你没比别人高到哪里。他咯咯笑了起来。这就是你的不对了。别人都是默念自己不比别人差到哪里来给自己加油鼓劲。你倒好，跟自己说自己没比别人高到哪里。你还不如直接告诉我你有多自负呢。真的。你没什么能耐，也没什么聪明才智——也就剩下

---

[1] 15世纪法国女英雄。——译者注

自负了。你就算是成了炮灰,也不是那种冲在前线的勇士。你就是一个自大的个人主义者——活该。

你觉得自己高到不知道哪里去了?你有什么理由这么觉得呢?你有什么权力憎恶你将要做的这件事呢?你几个月都没动笔了。你没法动笔。你黔驴技穷啦。如果你早已江郎才尽,又得靠这门手艺养活自己——那你还看不起读者想让你写的东西,算什么意思?这才是作家的核心竞争力啊,作家的伟大不在于他们写了什么前无古人后无来者、立意高尚的东西,而是赶紧把你会的词全他妈招呼上来啊。你坐在这儿就像等死一样,等着照片上讣告。

现在我好像想开一点儿了。我觉得我走上正轨了。我觉得我可以开始了。

别人一般是怎么开始写这种东西的呢?……好吧,让我想一想……一定是那种举手之劳的故事,要平易近人才好。平易近人……我该怎么调动我的思维呢?我该怎么创作一个故事呢?我到底怎么写东西呢?不,不,不要这么想。不要。如果你这样想的话,你的头脑就又是一片空白了,甚至比空白还更糟。就假设自己之前从来没写过东西。现在我重新做人了。人生掀开了新的一页。就是这样!也不是很难嘛。如果你就这么糊弄的话,那就终于可以开始了。你已经开窍了。

想一个平易近人的点子……快点儿,使劲想……那干脆这样吧：你就想想"平易近人"这个词，想想它是什么意思——这样你一定可以想到一些什么……平易近人……什么是最平易近人的东西呢？你认识的人有什么共同点呢？他们每天的生活都是被什么驱使的呢？恐惧。不是害怕某个人，只是笼统的，恐惧。一种看不见摸不着的无形力量，强大到无法抗拒。极其黑暗的恐惧。由于恐惧，人们想加害他人。人们知道有人想加害他们，所以先下手为强。由于恐惧，他们想看到你被欺凌、被侮辱。被欺凌的人才最安全。这不完全是恐惧。比如克劳福德先生，他是个律师，他最高兴看到他的客户败诉。尽管他也会有些损失，但是他还是开心；他不在乎自己的声誉受到不好的影响。他开心到都不知道自己很开心。天哪，克劳福德先生是个多好的主人公啊！你简直可以就这样把他写下来，然后讲讲他为什么这样，然后……

唉，他轻轻叹了口气。我可以这样写三本书，但是不会有人替我出版的，因为他们会说这不是真的，说我憎恨人性。不能这样。真的不能这样。这根本就不是他们口中平易近人的故事。但是这确实挺平易近人，挺贴近生活的啊。但是他们不这么想。那他们到底是怎么想的呢？你永远都捉摸不透。不，你可以的。你知道他们是怎么想。你知道——但同时又不知道。哦，快别这样了！……

你为什么老要追根究底呢？这是你犯的一大错误——就是

这个。关键就是在糊弄。根本就没有什么原因和意义。你在写东西的时候必须假设整个世界都是没有意义的，你的人生也是没有意义的。你必须听起来像这样才行。那为什么人们不喜欢寻找人生意义的人呢？这是为什么……

别这样！……

好吧。我们还是彻底换一种方式吧。不要从概念入手。我们从比较实际的东西开始吧。什么都行。想一个最简单、最显然、最微不足道的东西。它太微不足道了，你都不会注意，横竖都是微不足道。想到什么就说什么。

这样吧，一个钻石王老五想勾引一个穷人家的年轻姑娘。这太棒了！这就太棒了。现在继续。马上继续。不要犹豫。继续。

嗯，他大概五十岁。赚过一些钱，都是些黑心钱，他就是那种冷漠的人。她只有二十二岁，沉鱼落雁，甜美极了，现在在一个便利店打工。是的，就是那种最便宜的便利店。便利店是他的。这就是他的摇钱树——他是便利店大亨。不错吧。

有一天他来到这家店，看到了这个姑娘，一见钟情。他怎么会爱上她的呢？嗯，他太寂寞了，超级寂寞。他在世上没有朋友。人们不喜欢他。人们从来不喜欢成功的人。而且，他对人十分冷漠。你眼里要是不是只有自己的目标，别的都可以不管不顾的话，是不会成功的。当你坚持一个目标不放松的时候——人们就要说你冷漠了。你比别人努力的时候，在别人玩要的时候你还在工作，这样就可以比别人做得好——人们就会说你是一个不道德的人。这够平易近人了吧。

你不能只是努力赚钱。你要为了别的奋斗。这应该是一种伟大的能量——一种具有创造性的能量吗？不是，是创造的原理本身。这才是创造出世间万物的本源。大坝、摩天大楼、跨洋电缆，我们现在有的一切，都是来自这样的人。当他建起他的第一个造船厂的时候——哦，好像他是开便利店的对吧——去他的便利店吧！——当他建起第一个造船厂，赚到第一桶金的时候，那个地方还只是一个落后的渔村。他大兴土木，一座城市拔地而起，他修建了港口，成百上千人为他工作，如果没有他，这些人还在挖蛤蜊呢。现在他们都恨他。他倒是不怎么在意。他早就习惯了。他只是不理解而已。现在他五十岁了，不得不退休。他赚了好几百万——但是却还是世界上最悲惨的人。因为他还想做些事情——赚不赚钱都无所谓，只要有事情做，为之奋斗，体验成败的快感——他正是为了这种力量而活。

这个时候他遇到了那个姑娘——什么姑娘？——哦对，是那个在便利店工作的姑娘……去你大爷的便利店！你讲那个姑娘干吗？她老早就结婚了——而且这跟我们的故事就没有半点关系。他遇到的是一个穷困潦倒的年轻人。他很嫉妒这个孩子——因为他还有很长的路要走。但是这个孩子——这是我想说的——根本就不想奋斗。他优秀、善解人意、招人喜欢，但是他干什么都提不起精神。他打过几份工，都做得不错，但是他都辞掉了。他感受不到激情，没有目标。他最需要的就是安全感。他不在乎做什么，也不在乎是谁让他做的。他从来没有创造过任何东西。他没有为世界带来什么，也不会给世界带来什么。但是他希望世界能给他安全感。所有人都喜欢他，所有人都同情他。现在我们有——两个人了。他们谁是对的呢？谁是好的呢？谁掌握了人间的真谛呢？当命运让他们面对面，又会发生什么呢？

看看，多棒的故事啊！你难道没看到吗？这不仅仅是关于他们两个，还有很多很多的深意。这是我们整个时代的悲剧。这是我们面临的最大的问题。这是最重要的……

天哪！

你还能不能行了啊？你是不是可以这样，如果你聪明一点儿，如果你能掩盖这些所谓的意义，这样读者就会以为这只是一个讲钻石王老五的狗血故事。我不在乎他们没看出来深层次的意义，我希望他们没看出来，只要他们给我机会写，我就能让他们认为他们在读的就是垃圾。我不需要强调什么，也不需要表达什么，我只需要用各种平易近人的东西来中和，我会写小船、女人和游泳池。他们不会发现我的。他们会给我这次机会的。

不，他们不会的。别骗自己了。他们不比你差。他们对他们的那种故事了如指掌，就像你对你的那种故事了如指掌一样。他们可能都说不清是什么，说不清在哪里，但是他们会发现的。他们总能发现什么是他们的风格，什么不是。而且你写的是一个有很多争议的话题。左派是不喜欢的。你的故事针对了很多人。你觉得一个争议这么大的话题——能刊载在流行周刊上吗？

不，从头开始，从他是便利店大亨那里开始……不。我不能这样。我不能浪费我好不容易想出的故事。我得用上那个故事。我会写的。但是不是现在。我写完这个商业故事就写那个。这次是我第一次为了赚钱写作。那个故事可以等一等。

现在从头开始。我要想一个别的。我现在写的故事还不差，是吧？你看看，举手之劳的事情嘛，想想看。想法一下就来了。从头开始就好。

要有一个有趣的开头，让读者眼前一亮的那种，尽管你还不知道这个开头是干什么的，也不知道后面如何发展。也许开头你可以写一个住在屋顶的年轻姑娘，在一个那种高楼上的储藏室里面住着，独自一人。这是一个美丽的夏夜，突然间，枪声响起，边上的一扇窗户应声碎裂，玻璃碴四溅，一个男人从窗户里跳了出来，正好跳在她住的这个屋顶上。

太棒了！这不可能有错的。这个开头真是差的不行，所以一定是没问题的。

嗯……为什么一个姑娘要住在高层的楼顶上呢？因为便

213

宜。那不对，基督教女青年会提供的住处更便宜。跟另外一个姑娘拼房也贵不到哪里去。这两种都像是女孩子做的事情。但不是这个女孩子。她不会与人共处。她不知道为什么，但是她就是不会。所以她孤身一人。她一生都这样孤独。她在一个很大、很吵、一帮笨蛋熙熙攘攘的办公室里工作。她喜欢她的屋顶，因为夜晚一个人坐着的时候，整个城市都是她的了。她看着这个城市，好像没有看到它现在的样子，而是看到了它能够成为的样子，以及它应该成为的样子。这就是她的问题——她总想让事情变成它们应该成为的样子，但是很少能如愿。她看着这个城市，幻想着在那些顶层的豪华公寓里发生的事情，因为这些公寓就像是浮动在天空中的光点。她幻想的是一些伟大的、神秘的、令人窒息的事情，而不是鸡尾酒会、卫生间里不省人事的醉鬼和养犬的贵妇。

紧挨着的这栋建筑——是一个高档宾馆，有一扇大窗就开在她屋顶的旁边。这扇窗是磨砂玻璃做的，因为从窗户里看出去没有什么好风光。她当然从外面也望不进去——只能看到屋里人的剪影。只有那些影影绰绰能透出来。她曾经透过磨砂玻璃看到过一个男人——他瘦高，把手臂抱在胸前，好像是给全世界下命令一样。他的举动，好像在说一切都在他的掌控之中。于是她爱上了他，爱上了他的影子。她从没见过他，也不想见他。她对他一无所知，并且想保持这种状态。她不在乎。她心目中的他一定不是他。她臆造了一个他。这种爱是没有未来的，是没有希望的，也是不需要希望的。这种爱不能成就幸福，但是本身就是幸福；这种爱不是真实的——但比她身边的一切都要真实。然后……

亨利·多恩坐在书桌前，却看到了别人看不到的东西。人们只有在不知道自己看到这些东西的时候才能看到它们。他看这些东西，比感知身边的任何东西都要真切，他不能作用于他们，只是作为一个遥望的旁观者。每一条思绪都占据着一个拐角，而每一个拐角总是带给他惊喜。他没有创造任何东西，却被一股潮流推动，他既不用力，也不抵抗，这种愉悦的感情可以抵消他一直以来的痛苦。你只有不知道你体会到了这种感觉，才能让这种感觉持久……

然后那个夜晚，她还是一个人坐在她的屋顶上，然后就听到了枪响，玻璃碎了，那个男人跳到了她的屋顶上。她还是第一次看见他——这简直是一个奇迹：在她有生之年，他真的出现在了她的面前，而且他看起来就像是她想要的样子。但是他刚刚杀过人。我觉得他一定是出于某种正当的理由才杀的人……不！不！不！完全不是正当的杀人。我们现在还不知道是怎么回事，她也不知道。但是我们要来谈一谈梦想，谈一谈不可能的事情，谈一谈理想——不管世上的那些法则。她内心唯一的呼喊——她可以不顾旁人的阻拦。她要……

哦，不能这样！不能这样！

嗯……？

清醒一下，清醒一下……

那么，你到底是给谁写的故事呢？你这像是给《女性厨房读物》写的吗？

不，你不是累了。你没事，没事的。这个故事可以留到以后再写。你得先把钱赚到。没事的，不会有人跟你抢这个故事的。现在镇静一下，从一数到十。

不！我告诉你，你可以的。你可以的。你只是没有努力。你又开始瞎写了。你现在得好好想想。你能不能只想不思考？

听着，你能理解另一种写法吗？不要老想着出彩，不要老想着和别人不同，不要老想着写出超乎常人的东西，但是写那种举手之劳就能写出来的东西。最平易近人的——对谁平易近人呢？给我听好了。是这样的，你总是在问："如果……会怎么样呢？"问题就是这么开始的。"如果它根本不是看起来的样子呢……如果……不是很有意思吗？"这就是你之前做的事，但是你必须停止。你必须停止思考什么是有意思的。但是如果没意思我为什么要做呢？但是，对于他们来说是有意思的。为什么对他们来说有意思呢？因为对你来说没意思。这就是秘密所在。那我怎么知道具体该怎么写呢？

听好了，你就不能别这样了吗？你就不能把那玩意儿关掉——你那脑子？你能不能让你脑子转起来——又别让它真在那儿转？你能糊弄一下吗？你能有意识地、故意地、冷血地糊弄一下吗？你能想个办法吗？每个人都有需要糊弄的时候，哪怕是最好的、最聪明的人。人们说，每个人都有盲点？你这次就盲点一下好吗？

老天爷啊，让我学会糊弄吧！让我撒谎吧！让我变坏吧！就一次，我发誓。

看到了吗？你就是得转变一下。一个举手之劳的转变：从相信人必须得聪明、杰出、诚实、努力，相信人必须做到自己力所能及的最好，甚至还要有更高的要求——人必须愚昧、陈腐、谄媚、浮夸、墨守成规。就是这样。别人都是这样做的吗？不是，我觉得不是，因为如果是这样的话，他们不出半年就进精神病院了。那别人都是怎么做的呢？我不知道。但是这不是关键——关键是这样管用。也许只要我们刚出生就被传授了后者……但是事实不是这样。只是我们当中有些人很早就悟到了后者——然后他们就修得了处世的真法。但是为什么是这样呢？我们为什么得……

打住。你不是救世主，你是写手。

好吧，现在就是一句话。控制住自己，别让自己喜欢这个故事。无论怎么样，别让自己喜欢这个故事。

我们写一个侦探故事吧。一个悬疑谋杀案。讲谋杀案的故事是不会有什么深意的。来吧,麻利一点儿。

一个悬疑故事里得有两个坏人:受害者也是坏人,杀人犯也是坏人——这样的话,就不会有人对任何一方表示怜悯了。一般都是这样的。嗯,也许对于受害者而言你可以留几句好话给他,但是杀人犯,必须得是一个大坏蛋……现在你得给杀人犯构造一个动机。必须得是那种特别邪恶的动机……想想看啊……想到了:这个杀人犯专门威胁别人,他抓住了很多人的把柄,故事中的受害者差一点就发现他了,于是就被灭了口。这简直是最邪恶的动机了。没有任何借口来……有借口吗?如果……如果你能够证明杀人犯其实是正义的,难道不是更有意思吗?

如果所有被他要挟的人其实才是坏人呢?他们都做过不少见不得人的事情,一直打着法律的擦边球,他们黑白通吃,你打官司也没有胜算。这个人之所以威胁这些人,就是为了征讨他们的恶行。他调查他们,让他们付出代价。有些人之所以事业一路顺风,就是知道一些不为人知的秘密。他也四处找寻这些"秘密",只不过他没有为了自己的个人发展,而是为了实现正义。他是专业要挟别人的罗宾汉[1]。他找到了让这些人付出代价的唯一方式。例如说,有一个腐败的官员,我们的英雄——不,是杀人犯——不,是英雄,抓住了他的把柄,胁迫他在某个事件上投了正义的一票。还有一次,一个臭名昭著的好莱坞

---

[1] 英国查理一世时期,罗宾汉劫富济贫,因此而家喻户晓。——译者注

制片人，一个曾经玷污过很多女孩儿的色狼——遭遇了我们的主人公，我们的英雄使得他给一个女演员批了休假，没有让他借此占她的便宜。还有一个心肠很坏的商人——我们的主人公逼迫他改过自新。这里头最无可救药的一个，是谁呢？一个伪善的改革者，我觉得，不行，这太危险了，有很多争议的。他妈的！当改革者要抓住我们的主人公，加害于他的时候，他果断下手先杀掉了改革者。他为什么不能这么做呢？这个故事的有意思之处是所有这些坏人都像是现实生活中的一样，他们看起来是好人，是社会的脊梁，千万人以他们为榜样。而我们的主人公，恰恰是一个冷血、备受冷眼的人。

多好的故事啊！影射了美国的整个社会。看看那些所谓公众人物都是些什么货色，让全社会的人都睁大眼睛吧！看看真相！所谓独狼很可能就是一只癞皮狗。这个时代也应该回到诚信、勇气和道德上来了。这就是这个杀人犯告诉我们的！一个以杀人犯为主人公的故事，但是情节却急转直下！多么漂亮的故事！它有很多深意……

亨利·多恩直直地坐着，他的手平放在腿上，他双目无神，脑海里也空无一物。

他把桌上依旧空白的稿纸推开，然后拾起一份《纽约时报》，翻到了"招工"广告的版面。

译者后记

"我们还能等到一次美学的文艺复兴吗？我不知道。我知道的是：那些在为未来奋斗的人，现在就置身于美学的文艺复兴当中。"

我很荣幸能有机会第二次翻译安·兰德的书，并为之作序，也很高兴这部《浪漫主义宣言》可以和《源泉》《阿特拉斯耸耸肩》及《一月十六日夜》一起，加入中国读者的收藏单。

《浪漫主义宣言》成书于20世纪70年代的美国。如今从21世纪的角度回顾20世纪太平洋另一端的美国，我们眼前浮现的一定是"咆哮的20年代"的爵士乐、好莱坞、百老汇，以及从文学到雕塑的种种革命性的运动。安·兰德经历了这一切。她穿梭在好莱坞的人潮当中；她的剧作《一月十六日夜》在百老汇享有盛名；她生活在纽约，一个不知不觉间取代了巴黎成为全世界艺术中心的大都市。面对艺术的空前繁荣，她崇拜、被崇拜，批判、被批判。这个从苏联流亡到美国的小姑娘成长为美国20世纪最伟大的作家、哲学家,而《浪漫主义宣言》继总销量超过《圣经》的《源泉》和《阿特拉斯耸耸肩》之后,也成为20世纪艺术领域最重要的成就之一。

安·兰德作品登陆中国的时间并不长,但是她的名字在美国20世纪文学、哲学和社会运动中举足轻重。安·兰德1905年出生于沙皇俄国统治下的圣彼得堡。重压的统治以及政变、暴乱的威胁并没有扼杀她对艺术的热爱,本书中多次提到她七岁时对艺术的见解。她八岁开始写剧本,十岁开始写小说。政治的动荡毁掉了安·兰德原本幸福祥和的中产阶级家庭。在结束了长时间颠沛流离的生活,完成学业后,1926年她远渡重洋来到纽约。

辗转来到好莱坞的她从群众演员做起,最终通过写作得以立足于美国主流社会。《阿特拉斯耸耸肩》获得极大成功之后,她的视野就不再集中于小说,而开始发展自己的哲学思想,游走于各地巡回演讲,在报纸杂志上刊文,直到晚年身体状况开始恶化。《浪漫主义宣言》正是在这样的背景下产生的。从1962年到1976年,安·兰德创办了刊物:《客观主义者》(原名为《客观主义者通讯》)和《安·兰德通讯》,她既是这些刊物的发起者,也是每期的撰稿人。本书收录的是从1966年至1971年发行的《客观主义者》中精选出的篇目。安·兰德的哲学思考全部注入在这些专栏文章中,之后她出版的每一部哲学作品基本摘选了这两种刊物中的文章。

安·兰德文集作品,有的偏向于哲学,有的偏向于政治,而《浪漫主义宣言》探讨的是艺术和人生观。书中所选文章的一大共性是安·兰德对同年代的艺术圈的不满,然而本书的标题却包含着一对矛盾。"浪漫主义"是安·兰德认为现代艺术所缺失的东西,而"宣言"却恰恰是20世纪现代艺术的圈子中最流行的一种写作形式。第二次世界大战前,较有影响力的达达主义和超现实主义都发表了各自的"宣言",达利1950年也发表了《神秘主义宣言》以声张自己的观点。这些宣言一般都以最直白的文字表述艺术家自己或者某个流派的主张,艺术也因此被赋予了更加广泛的意义。正因如此,《浪漫主义宣言》的标题蕴含着一种奇妙的辩证:一方面,安·兰德将自己与跟自己人生观不同、被自己"唾弃"的艺术家并列在一起;另一方面,她又声称,她的时代没有浪漫主义。这样的一种情感贯穿本书,也贯穿安·兰德一生的奋斗。

由于《浪漫主义宣言》所选文章的时间跨度大,相互之间的连续性并不强。非要勉强从中寻找联系非但不能帮助读者理解,反而会破坏这些文章内在的逻辑关系。但是即便如此,我依然给读者提供我的几点解读,以抛砖引玉。

安·兰德对艺术的原理做了大量的研究。这一领域至今存在很多争议，但是安·兰德认为艺术之所以存在，是因为人类没有直接感知价值观的能力，所以需要将人生观和价值判断转化为有形的现实。因此，她将艺术定义为"艺术家的形而上学价值判断的选择性重塑"，艺术的核心功能是传递人生观。这一点划清了浪漫主义和自然主义的界限，而安·兰德认为后者不是艺术。艺术必须是现实的"程式化"，也就是说，艺术家选择出他眼前的现实，把那些值得成为艺术的元素重塑为艺术。

自然主义者放弃这样的选择，美其名曰"写实"，在安·兰德看来，这实际上是一种消极的人生观。艺术中的现实从来就不是现实本身，任何一个被艺术表达的对象都被以这样或那样的方式加入了艺术家思考的元素。同样的人，被雕塑、绘画、文学和舞台重塑之后，可以是英雄，也可以是畸形。这并不取决于艺术家看待现实的角度，而取决于艺术家的希冀。所谓艺术，不是讨论这个世界"现在怎么样"，而是这个世界"可以怎么样"，未来"应该怎么样"。

这个过程中最重要的话题是"人"，因为安·兰德认为只有人性可以为现实添加形而上学的内涵，故能产生艺术。例如，绘画的本质既不是它的颜料、线条，也不是它受画框限制的空间，而是艺术家在其中传递的价值观和人生观。艺术无论如何，都不能独立于人而存在——艺术必须是人的镜子。安·兰德信仰人的理性和意志，认为每个人都是为了自己的理想而活。她认为人的一生就是追逐理想的一生，而这个理想一般都是遥不可及的。因此，文学最重要的意义就在于支援这种追求，为读者勾勒他们想成为的人，铺展美好世界的蓝图。她做到了这一点，她创作的小说中所塑造的英雄人物，一定激发了很多人心中久久沉睡的理想。以上的思想深深地扎根于安·兰德的整个哲学思想当中。她提出的客观主义哲学可以用《阿特拉斯耸耸肩》中的一句话来总结："我的哲学就是个人至上，以个人幸福为其人生的意义，以获得利益为最高尚的活动，以理性为其绝对的原则。"个人主义永远矗立在安·兰德创作小说的最中心。安·兰德作为哲学家所论证的和作为文学家所宣扬的都是个人价值凌驾于其他一切价值，而个人的理想也是最高贵的理想。

艺术不仅仅是人的镜子，也是时代的镜子。安·兰德经历了俄国和美国意识形态的巨大反差，又经历了第二次世界大战期间法西斯主义的猖獗，有理由厌恶利他主义和集体主义在她的时代的疯狂和泛滥。她认为这样的意识形态、政治体制和艺术风格，都在蚕食人类的理性，威胁人类的个人意志。自然主义与浪漫主义的主要分歧就在于，前者强调统计学的大多数，并以此作为道德的准绳，而在安·兰德看来这恰恰是一种美学犯罪和道德犯罪。在本书中她说道："美学中浪漫主义的彻底毁灭就像伦理学中道德的彻底毁灭和政治学中资本主义的彻底毁灭一样。"在冷战的背景下，她将自然主义和集权主义视为等同的威胁,这与她的时代是分不开的。

应该注意的是,安·兰德的艺术本身就有着哲学和政治的双重基础。她在本书中也提到了这一点。哲学上,她认为亚里士多德开启了人类思想的大门,解开了套在人类灵魂上的枷锁;政治上,她认为只有自由放任的资本主义才是保护人类的物质自由和精神自由的唯一制度。她没有看到冷战的结束——相反,她所一见钟情的美国制度,也在新政等的影响下不断地丧失民主和自由。她于是用笔来宣泄她的担忧,她发现浪漫主义是跟她理想的哲学和理想的政治所对应的艺术流派,于是诞生了她的艺术理论。

回顾了安·兰德艺术的理论基础,再来看她的许多观点、许多激进的言辞便可以说得通。例如,安·兰德在本书中近乎疯狂地反对摄影,这一点遭到很多后人的攻击。她认为摄影只是一种愚蠢技术的体现,完全剥夺了人选择和创造的能力。在她活跃的年代,摄影的技术称不上有多高明,胶片技术在发展之初确实缺乏创新的空间,设备也较为笨重。她指的是,这样的摄影毫无筛选地记录下镜头前的一切,等于是让客观现实左右了人的意志。安·兰德从未认为这是一件坏事,但认为这很明显不符合艺术的标准。另外,传统艺术之于摄影本就存在着微妙的关系,这不是安·兰德的发明,但是她给出了二者之间矛盾的一个说法。

艺术需要时间的沉淀，艺术是时代的缩影。我们的时代、我们的民族有什么思想，有什么哲学，有什么价值观，就会产生什么艺术，以及生发出相对应的文化和政治。安·兰德也认为她的时代没有艺术，她认为浪漫主义早已销声匿迹，"顶级、纯粹、始终如一的艺术家"少之又少。在本书收录的文章中，受到安·兰德讽刺和批评的艺术家大多获得过诺贝尔文学奖、普利策小说奖，他们代表了那个时代的辉煌，但安·兰德依然担心他们所引领的艺术航行的方向。

《浪漫主义宣言》不仅仅是阅读安·兰德诸多著作的优秀参考，也为阅读艺术、阅读时代大潮流提供优秀指导。安·兰德说她把一生献给"伟大的人类"。也许她的众多观点被很多批评家认为稍有偏颇，但是每个人都应该永不放弃对"伟大"的向往和追求。人应该生而伟大，我们也有理由相信我们的时代在我们的努力下可以成为也应该成为一个伟大的时代。

郑齐